ERLEBNIS NATURWISSENSCHAFT

Arbeitsheft 3

Körper – Gesundheit – Entwicklung (Teil 2)
Körper und Bewegung
Tiere – Pflanzen – Lebensräume

Schroedel

Erlebnis Naturwissenschaft

Arbeitsheft 3

Körper – Gesundheit – Entwicklung (Teil 2)
Körper und Bewegung
Tiere – Pflanzen – Lebensräume

Herausgegeben und bearbeitet von
Hans-Peter Konopka

unter Mitarbeit von
Konrad Bauerle, Hans-Günther Beuck,
Dieter Cieplik, Joachim Dobers,
Eva Döhring, Hartmut Eulner,
Imme Freundner-Hunecke, Michael Kampf,
Fritz Klöckner, Ernst-August Kuhlmann,
Wolfgang Martin-Beyer, Erhard Mathias,
Hanna Meuer, Eckhard Philipp,
Günter Rabisch, Monika Semrau,
Antje Starke, Rüdiger Stelling, Hans Tegen,
Annely Zeeb

Bildquellen:
Titel (Eisbär): Dr. Bäsemann/Okapia, Frankfurt
Balken ob. S. 4–56: Tönnies
S. 14 alle: Okapia, Frankfurt

Druck A [2] / Jahr 2008
Alle Drucke der Serie A sind im Unterricht parallel verwendbar.

Illustrationen: Tom Menzel, Heike Möller, Brigitte Karnath, Liselotte Lüddecke,
Annemarie Riehl, Volkmar Rinke, Susanne Thater
Umschlaggestaltung: Janssen Kahlert Design & Kommunikation GmbH
Satz: media service schmidt, Hildesheim
Druck und Bindung: westermann druck GmbH, Braunschweig

ISBN 978-3-507-**77998**-3

Körper – Gesundheit – Entwicklung (Teil 2)

Rund um die Ernährung

Körper und Bewegung

Rund um die Bewegung

Tiere – Pflanzen – Lebensräume

Rund um Tiere

Rund um Pflanzen

Wir ordnen Lebensmittel (1)

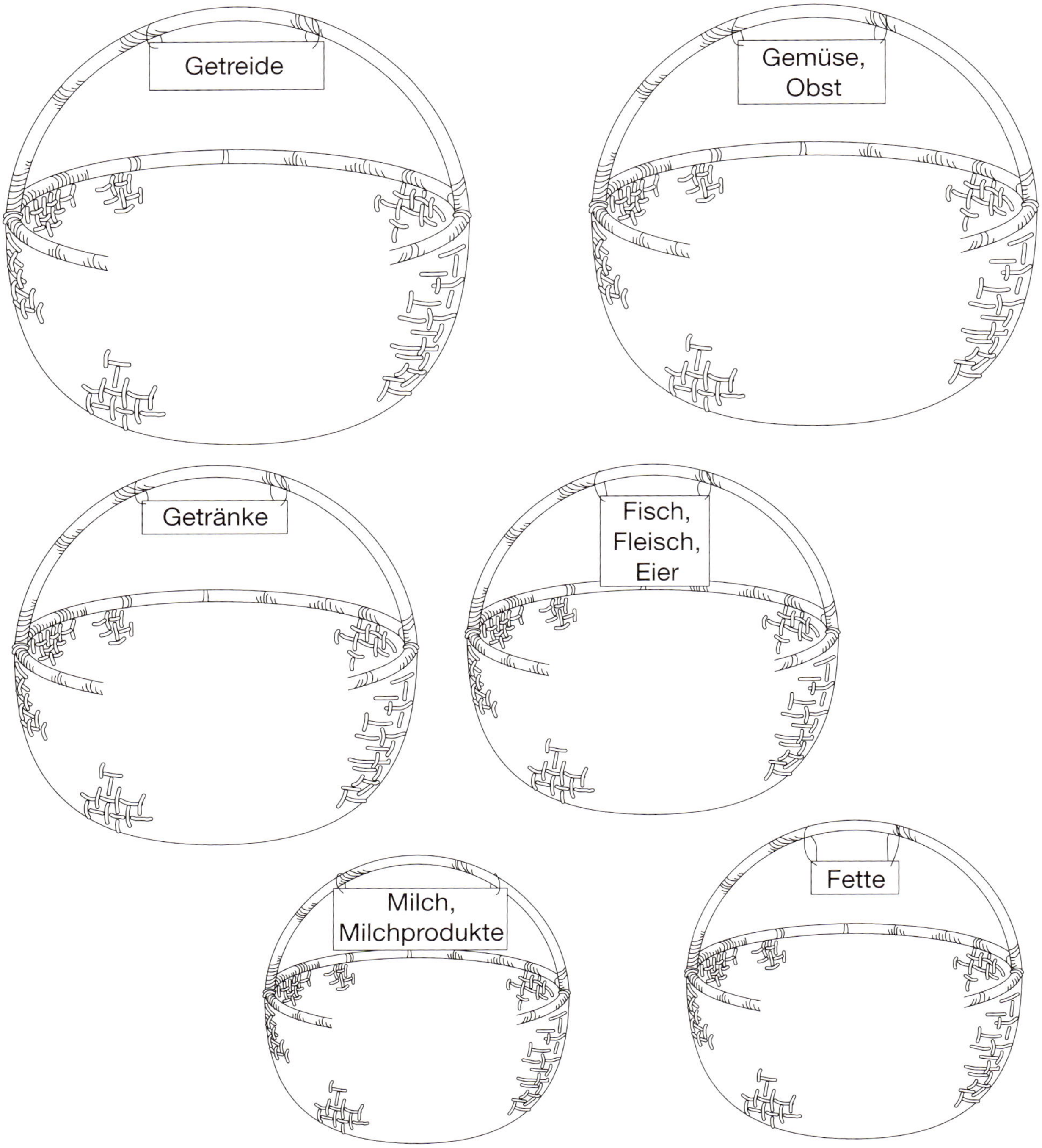

1 Ordne die Lebensmittel in die Tragekörbe ein, indem du die Ziffern aus Blatt 2 Seite 5 in die richtigen Körbe einträgst.

2 Die unterschiedliche Größe der Kästen deutet den empfohlenen Anteil der jeweiligen Lebensmittelgruppen an der gesamten Ernährung an. Ordne die Gruppen nach steigendem Anteil.

3 Nenne lebenswichtige Stoffe, die in den jeweiligen Gruppen in besonderem Maße vorhanden sind. Schreibe die Antworten zu den Fragen 2 und 3 in dein Heft.

1
2
Milch
3
4
5
Öl
6
7
8
9
10
Joghurt
11
Hafer flocken
12
13
14
15
16
17
18
19
20
21
22
QUARK
23
24
25
26
27
28
29
30
MARGARINE
31
32
33
34
35
36
37
38
Mehl
39
Suppe
40
Müsli
41
42
43
44
Nudeln
45
Saft
46
47
Buttermilch
48
49
Reis
50
51
52
53
54
Butter

Eiweiße	Hauptbestandteil des Körpers. Transportmittel für alle Nährstoffe
Fette	Aufbau des Körpers aus Knochen, Muskeln, Knorpel, Nerven, Bindegewebe
Vitamine und Mineralstoffe	Schutz vor Krankheiten
Ballaststoffe	Bereitstellung von Energie für Körperwärme, Bewegungen und Stoffwechsel
Wasser	Abtransport und Ausscheidung unverdaulicher Reste
Kohlenhydrate	

1 Ordne den Nahrungsbestandteilen die jeweilige Aufgabe zu. Verbinde dazu die richtigen Felder mit Strichen. Nutze bei der Bearbeitung auch Informationen aus deinem Lehrbuch.

2 Aus welchen Nahrungsbestandteilen bestehen die abgebildeten Lebensmittel zum größten Teil? Schreibe die Nummern in die richtigen Felder. Achtung: manche Lebensmittel lassen sich nicht eindeutig zuordnen!

1; 2

2 = l; 3; 4

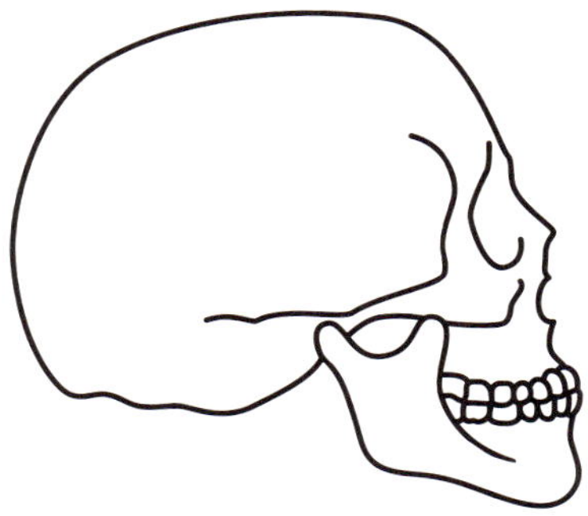

1; 2 = t

Im

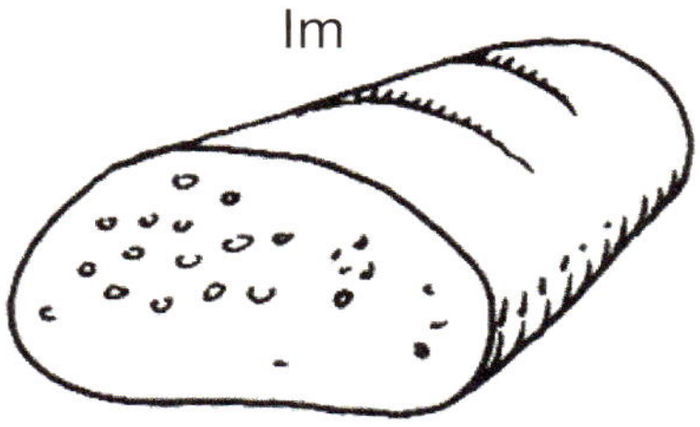

ist?

1; 2

5; 6; 7; 8

Das Rätsel kannst du lösen, wenn du zunächst die richtigen Bezeichnungen der abgebildeten Dinge ermittelst. Einmal ist ein Inhaltsstoff gefragt.
Bei der richtigen Deutung der Bilder findest du die Bezeichnung für einen wichtigen Bestandteil unserer Nahrung. Der Begriff besteht aus 13 Buchstaben.

1 Wie heißt der Begriff?

- ______________________________

2 Worin liegt seine Bedeutung für unsere Gesundheit? Informiere dich dazu beispielsweise in einem Biologiebuch, einem Lexikon oder im Internet.

- ______________________________

____

____

____

____

____

____

1 Untersuche die Obst- und Gemüseabteilung eines Supermarktes. Ermittle die Herkunftsländer dieser Lebensmittel. Trage die Ergebnisse in dein Heft ein. Bereite dazu eine Tabelle nach folgendem Muster vor:

Obst- oder Gemüsesorte	Herkunftsland
Bananen	Costa Rica
⋮	⋮

2 Zeichne für jede Obst- oder Gemüsesorte, die du ausgewertet hast, einen Punkt in das jeweilige Herkunftsland. Wenn kein Name in der Karte steht, nimm den Atlas zu Hilfe.

3 Nun werte aus: Wie viele Sorten stammen aus Deutschland, wie viele aus Europa, wie viele aus entfernteren Ländern?

4 Wenn es nur Obst und Gemüse gäbe, das bei uns unter natürlichen Bedingungen wächst, welche Sorten stünden dann im Januar, im Mai und im September zur Verfügung? Nimm Blatt 2 Seite 9 zur Hilfe.

Erntezeit für die in Mitteleuropa wachsenden Obst- und Gemüsesorten.

	Januar	Februar	März	April	Mai	Juni	Juli	August	September	Oktober	November	Dezember
Aprikosen					×	×	×	×				
Auberginen						×	×	×	×			
Äpfel									×	×	×	×
Birnen								×	×	×		
Blumenkohl							×	×	×	×	×	
Bohnen						×	×	×				
Broccoli							×	×	×			
Brombeeren							×	×	×	×		
Schikoree	×								×	×	×	×
Chinakohl									×	×	×	
Erbsen					×	×						
Erdbeeren					×	×	×	×				
Fenchel	×									×	×	×
Grünkohl	×	×								×	×	×
Gurken								×	×	×	×	
Himbeeren							×	×				
Johannisbeeren, rot							×	×				
Johannisbeeren, schwarz							×	×				
Karotten				×	×	×	×	×	×	×		
Kartoffeln						×	×	×	×			
Kohlrabi				×	×	×	×					
Kopfsalat					×	×	×	×	×	×		
Mais									×	×	×	
Mangold						×	×	×	×	×		
Paprika						×	×	×	×	×		
Pastinaken	×	×	×	×								×
Pfirsiche							×	×	×			
Pflaumen						×	×	×				
Porree	×	×					×	×	×	×	×	×
Radieschen					×	×	×	×	×			
Renekloden							×	×	×			
Rettich					×	×	×	×	×			
Rhabarber				×	×	×						
Rosenkohl	×	×							×	×	×	×
Rote Bete	×	×							×	×	×	×
Rotkohl	×	×	×						×	×	×	×
Sauerkirschen						×	×					
Schwarzwurzeln	×									×	×	×
Sellerie								×	×	×	×	×
Spargel					×	×						
Spinat			×	×	×	×	×					
Spitzkohl				×	×	×						
Stachelbeeren						×	×	×				
Süßkirschen						×	×					
Tomaten							×	×	×	×	×	
Weintrauben									×	×		
Weißkohl	×	×					×	×	×	×	×	×
Zucchini								×	×	×		
Zwiebeln							×	×	×	×	×	×

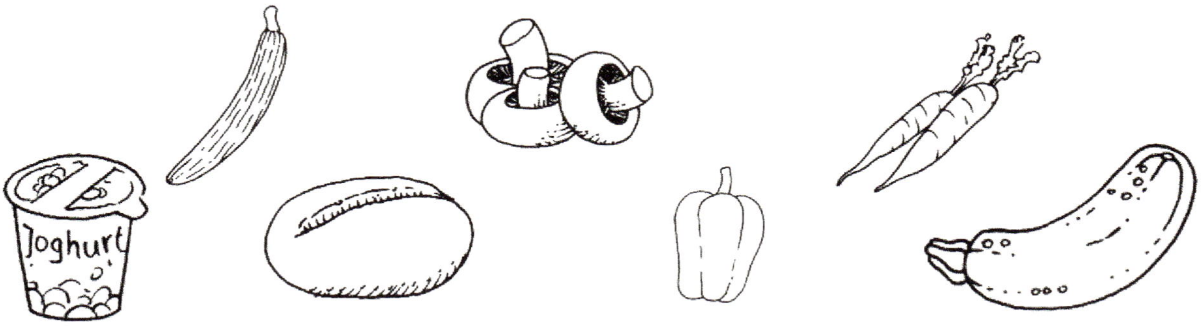

Lebensmittel: Brot, Joghurt, Creme fraiche und Gemüse. Außerdem braucht man Gewürze.

Geräte: Schneidebretter; Messer; Sparschäler; große und kleine Schüsseln; Schneebesen; Löffel; ein paar flache Teller; Knoblauchpresse.
Alle Mengenangaben reichen für 6–8 normal hungrige Schüler aus.

Zubereitung:

Gruppe 1 bereitet zunächst die Grundsauce zu: dazu verrührt man zwei große Becher Jogurt mit einem Becher Creme fraiche, fügt Salz und Pfeffer hinzu, schmeckt ab, fertig.
Diese Sauce verteilt man auf kleinere Schälchen. Sie werden getrennt weitergewürzt.
Hier fünf Vorschläge:

- mit 1–2 Teelöffel Senf verrühren
- mit etwas Currypulver würzen
- feingehackte Kräuter hinzufügen: Petersilie, Schnittlauch, Dill, Estragon, Kerbel sind gut geeignet
- 1–2 durchgepresste Knoblauchzehen hinzugeben
- mit Tomatenmark und etwas Chilipulver verrühren

Nicht vergessen: vor dem Servieren unbedingt abschmecken!

Gruppe 2 bereitet das Gemüse vor. Benötigt werden: 2 Gurken, je 1 rote, gelbe und grüne Paprikaschote, 6–8 Möhren, 2 Kohlrabi, 2 Schikoree, etwa 10 Champignons, 2 kleine Zucchini.

Gurken, Möhren und Kohlrabi werden geschält. Alle übrigen Gemüse wäscht man sorgfältig. Gurken und Paprikaschoten der Länge nach halbieren und die Kerne entfernen. (Bei der Gurke ist das ganz einfach mit einem Löffel möglich). Schikoree wird in einzelne Blätter zerteilt. (Achtung: Das kegelförmige Innere ist jedoch ungenießbar!) Die Pilze werden je nach Größe halbiert oder geviertelt. Alle übrigen Gemüse zerteilt man so, dass etwa 10 cm lange und 2 cm breite Streifen entstehen. Alles wird auf einer Platte oder auf flachen Tellern angerichtet.
Das Brot wird in Stücke geschnitten und auf einen Teller gelegt.

Brot und Gemüsestreifen werden nun in eine Sauce getaucht und anschließend verzehrt.

Guten Appetit

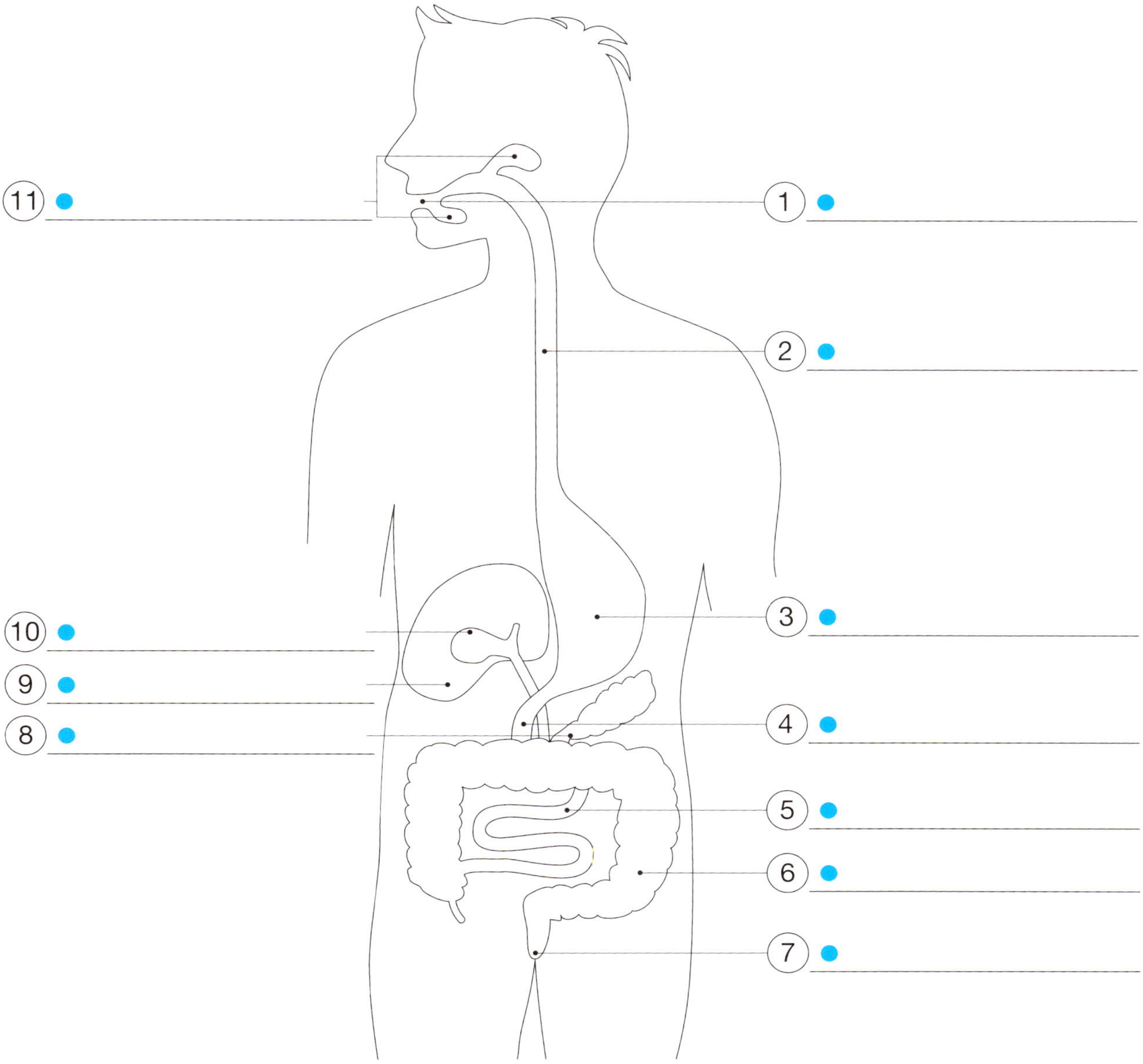

1 Beschrifte die Schemazeichnung.

2 Ordne den Organen ihre Aufgaben zu, indem du die richtigen Nummern einsetzt:

Ausscheiden des Kotes ( ), Bildung von Salzsäure ( ), Aufnahme der Nährstoffe ins Blut ( ), Bildung von Gallenflüssigkeit ( ), Absonderung von Speichel ( ), Mechanische Zerkleinerung der Nahrung ( ), Zersetzen von Eiweiß ( ), Sammeln der Gallenflüssigkeit ( ), Gründliche Durchmischung des Speisebreis ( ), Zerlegung der Kohlenhydrate in Zucker ( ), Gleitfähigmachen der Nahrung ( ), portionsweiser Transport der Nahrung ( ), Abtöten der Bakterien ( ), Bildung von Enzymen für die Fett-, Kohlenhydrat- und Eiweißverdauung ( ), Eindicken der unverdaulichen Reste durch Wasserentzug ( ), Fett-, Kohlenhydrat- und Eiweißverdauung ( )

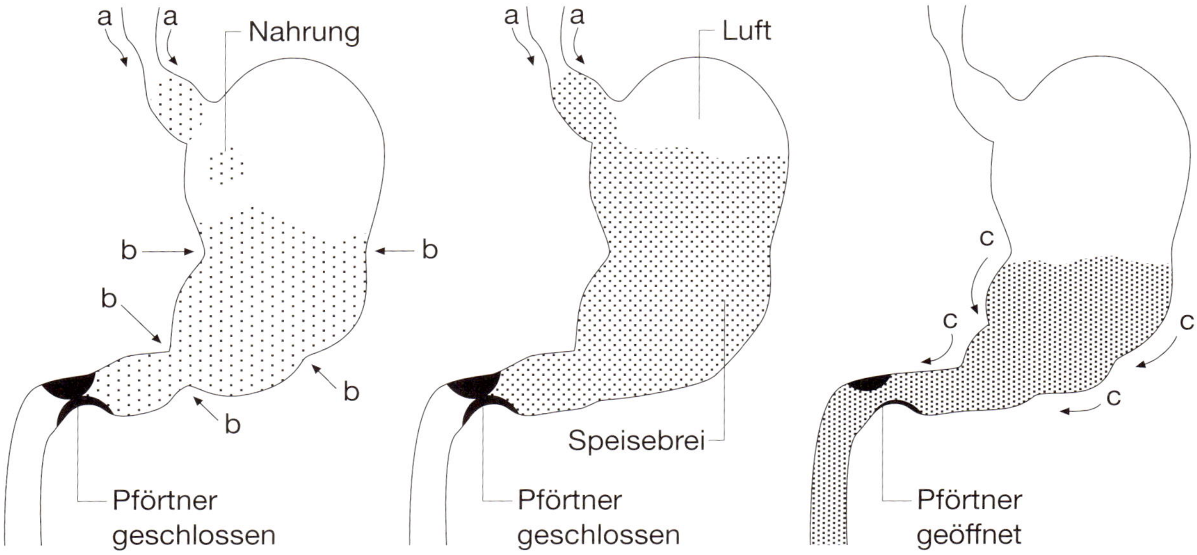

Die Abbildungen zeigen die Arbeitsweise des Magens. Mit Pfeilen werden Muskelbewegungen deutlich gemacht, die für die Arbeit des Magens wichtig sind. Es handelt sich um drei verschiedene Muskelbewegungen. Sie sind mit den Buchstaben a, b und c kenntlich gemacht.

1 Beschreibe die verschiedenen Muskelbewegungen.

a) • ____________________

____

b) • ____________________

____

c) • ____________________

____

2 Die Magenwand bildet den Magenschleim. Dieser enthält Salzsäure und Enzyme. Welche Aufgaben haben diese beiden Stoffe?

• ____________________

____

Stärke kann man sich vereinfacht folgendermaßen vorstellen:

Sie besteht aus vielen einzelnen Traubenzuckerteilchen (○), die miteinander verknüpft sind. Bei der Verdauung wird Stärke schrittweise zersetzt. Enzyme spielen dabei eine Rolle. Ihre Wirkungsweise veranschaulicht die folgende Abbildung:

Enzym 1

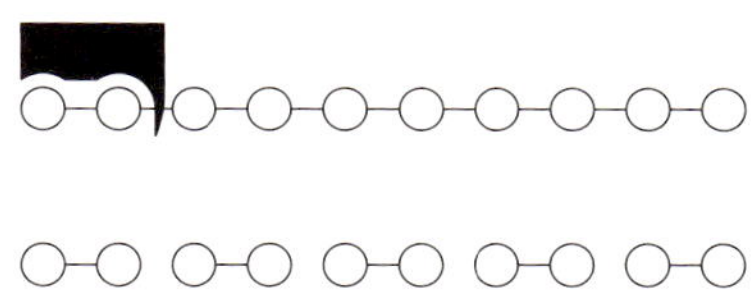

Die entstehenden Teilchen (○–○) nennt man Malzzucker.

Enzym 2

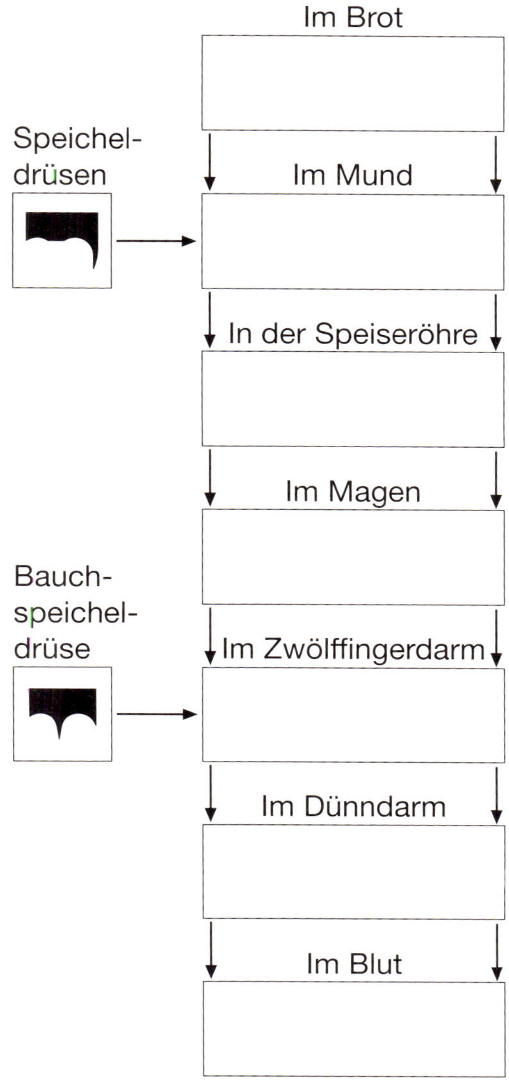

1 Beschreibe den Abbau der Stärke anhand der oben stehenden Abbildungen.

- ______________________________

____

____

____

____

2 Male die nacheinander ablaufenden Abbauvorgänge beim Stärkeabbau in die Kästchen ein.

3 Sportler nehmen Traubenzucker zu sich, wenn sie schnell Energie benötigen. Das kannst du jetzt erklären.

- ______________________________

____

Was bewegt sich denn da?

1 Sieh dir die Abbildungen genau an und ergänze.

1. Der Ball ● ______________.

2. Der Vogel ● ______________.

3. Das Flusswasser ● ______________.

4. Die Sportlerin ● ______________.

6. Das Windrad ● ______________.

5. Das Känguruh ● ______________.

7. Der Zug ● ______________.

8. Das Mädchen ● ______________.

Setze die farbigen Buchstaben aneinander.

_ _ _ _ _ _ _ _ _ _

2 Finde weitere Sätze, die ausdrücken, **wie** sich etwas bewegt.

● ______________________________

● ______________________________

● ______________________________

3 Du kannst dich auch **selbst** bewegen. Zeigt euch gegenseitig verschiedene Bewegungen, lasst sie erraten und schreibt sie auf.

● ______________________________

● ______________________________

● ______________________________

1 Benenne die Sportarten, die die Teilbilder zeigen.

① • ____________________ ④ • ____________________ ⑦ • ____________________

② • ____________________ ⑤ • ____________________ ⑧ • ____________________

③ • ____________________ ⑥ • ____________________ ⑨ • ____________________

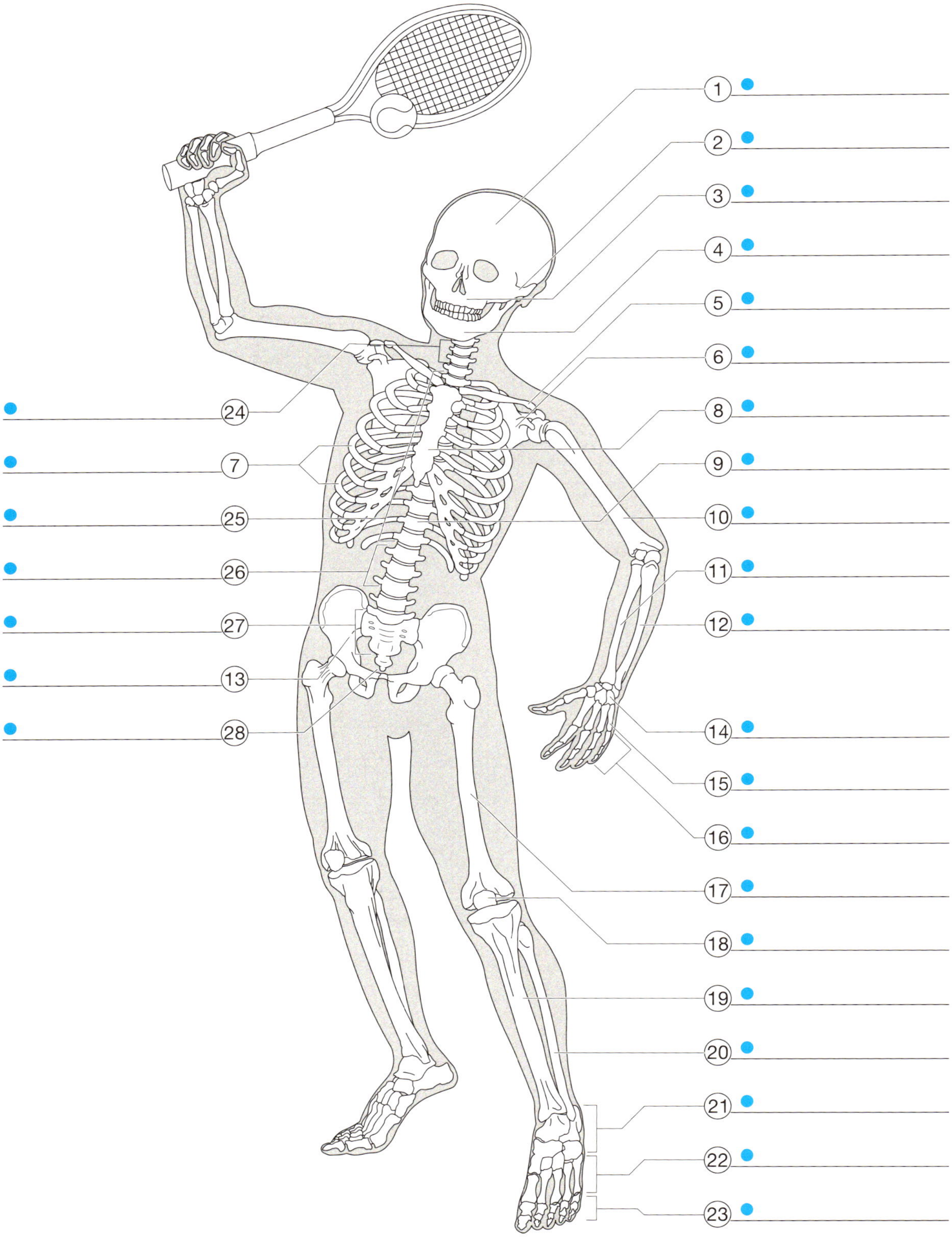

1 Benenne die gekennzeichneten Knochen. Sicher sind dir viele Teile deines Skeletts bereits bekannt. Informiere dich in deinem Lehrbuch, wenn du nicht mehr weiter kommst.

Bevor du mit dem Basteln des Skelettmodells auf den Seiten 18 und 19 beginnst, solltest du die folgende Anleitung genau lesen.

Du benötigst folgende Materialien: Bastelbögen Seite 18 und 19 oder Kopien davon, dünne Pappe, Klebstoff, Schere, Druckknöpfe (Durchmesser 10–12 mm, 13 Stück pro Skelett) oder 13 Verschlussklammern für Briefe, Stopfnadel.

Wenn du die Bastelvorlage direkt aus den Seiten 18 und 19 ausschneidest, solltest du dir vorher die wichtigsten Hinweise der folgenden Anleitung in dein Heft schreiben!

Zunächst werden die beiden Seiten mit dem Modell auf dünne Pappe geklebt. An den beweglichen Verbindungsstellen sind die Skelettteile mit einem kleinen Kreis und teilweise zusätzlich mit einer Schraffur gekennzeichnet. Diese markierten Punkte musst du vorsichtig mit einer Nadel durchbohren.
Nun kannst du die einzelnen Skelettteile längs der gestrichelten Linien ausschneiden.
Anschließend werden die Teile zusammengesetzt. Der Brustkorb mit der Wirbelsäule wird auf das Becken geklebt (Markierung: „kleben“). Die beweglichen Teile musst du mithilfe der Druckknöpfe oder der Verschlussklammern verbinden. Die schraffierten Bereiche an den Verbindungsstellen müssen dabei von den entsprechenden Gegenstücken verdeckt werden.

Und nun viel Spaß beim Basteln! Natürlich kannst du die einzelnen Teile der Skeletts, z. B. Schädel, Rumpf und Gliedmaßen, vor dem Ausschneiden auch noch bunt bemalen.

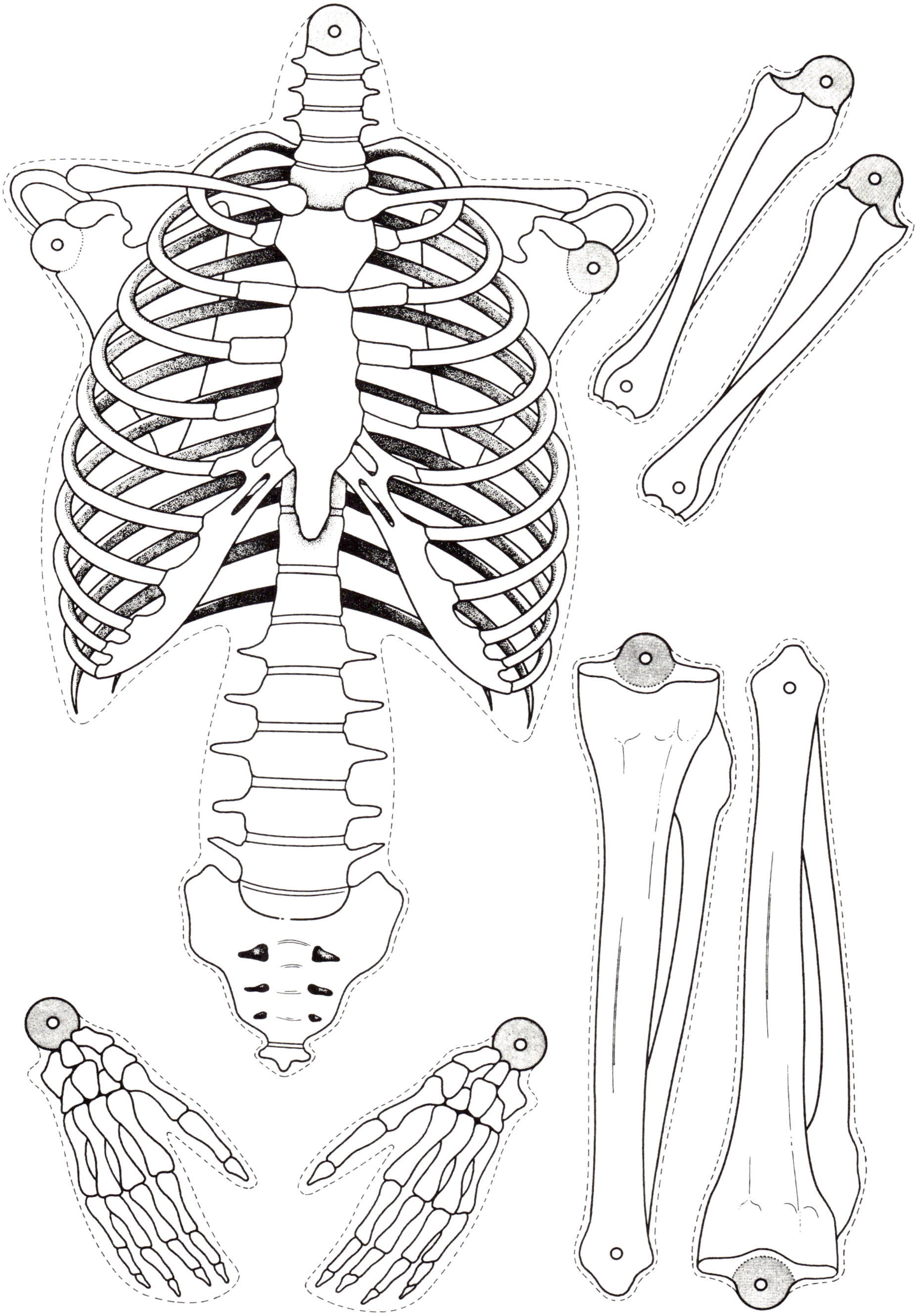

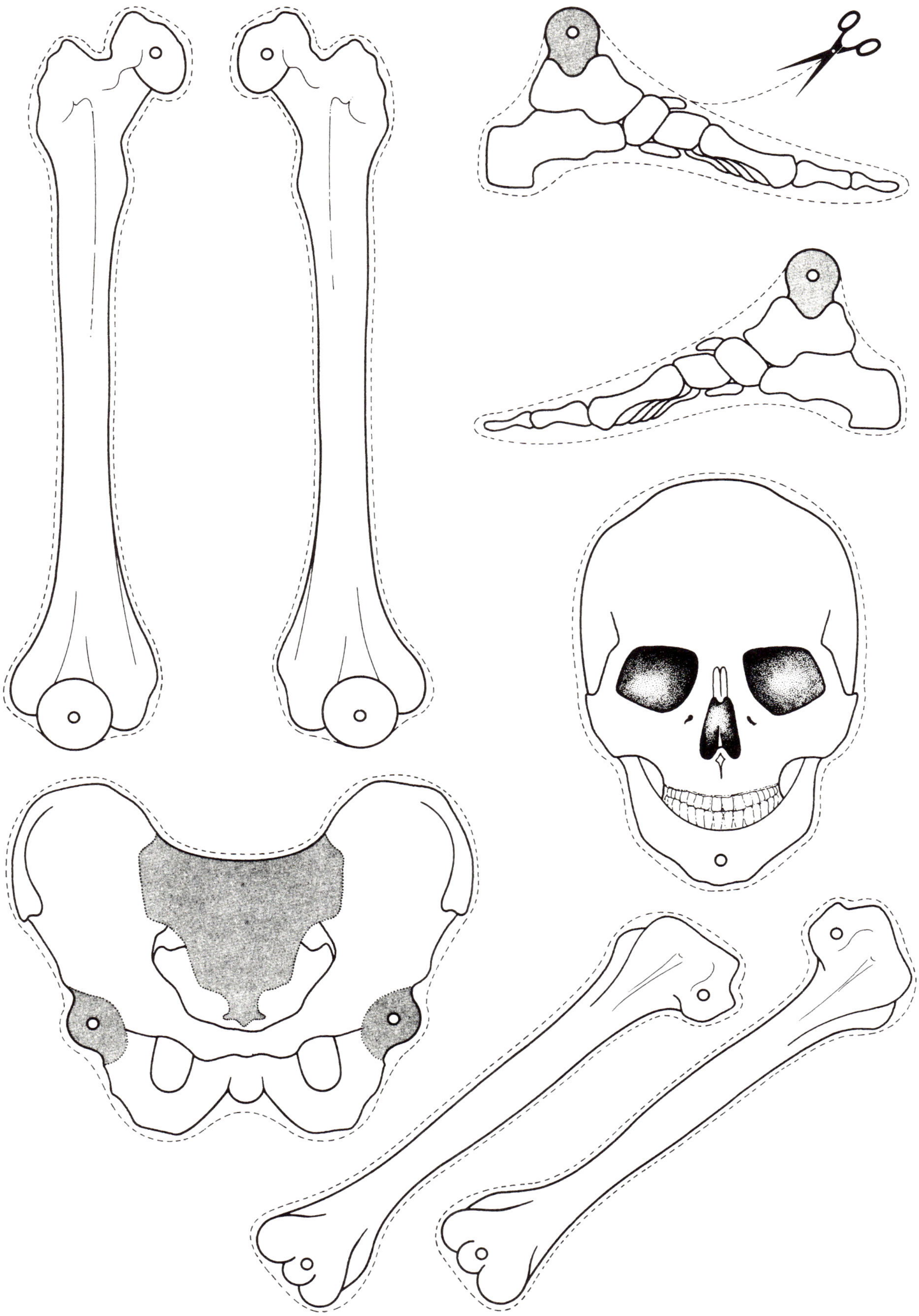

1 Deine eigenen Knochen im Körper kannst du schlecht untersuchen. Beim Essen bleiben aber manchmal Knochen auf dem Teller, die du untersuchen kannst. Besonders häufig kommen Hähnchen als Mahlzeit auf den Tisch. Besorge dir deshalb einige Knochen eines Brathähnchens, zum Beispiel Oberschenkelknochen, Brustbein oder Rippen. Säubere die Knochen sorgfältig von anhaftenden Fleischresten. Betrachte und befühle nun die Knochen genau. Gibt es Stellen, die von der Härte und von der Farbe Besonderheiten aufweisen? Notiere deine Beobachtungen.

2 Mache nun folgenden Versuch mit einem kleinen Knochen: Greife ihn mit einer Tiegelzange oder eine großen Pinzette und halte ihn über die Flamme eines Gasbrenners (Vorsicht!). Wende den Knochen so lange in der Flamme, bis es ausgeglüht ist. Lege den ausgeglühten Knochen zum Abkühlen anschließend auf einem Uhrglas oder einer anderen feuerfesten Unterlage ab. Beschreibe, wie der ausgeglühte Knochen aussieht und wie er sich nach dem Erkalten anfühlt.

3 Lege einen anderen Knochen mit der Pinzette für 24 Stunden in einen Glasbehälter mit verdünnter Salzsäure (Vorsicht!). Decke das Gefäß mit einem Uhrglas ab. Nimm den Knochen am nächsten Tag vorsichtig mit der Pinzette aus der Salzsäure, spüle ihn mit Wasser gründlich ab und untersuche sein Aussehen und seine Festigkeit. Notiere deine Beobachtungen.

4 Erkläre das Ergebnis der beiden Versuche. Ziehe Rückschlüsse auf den Knochenaufbau.

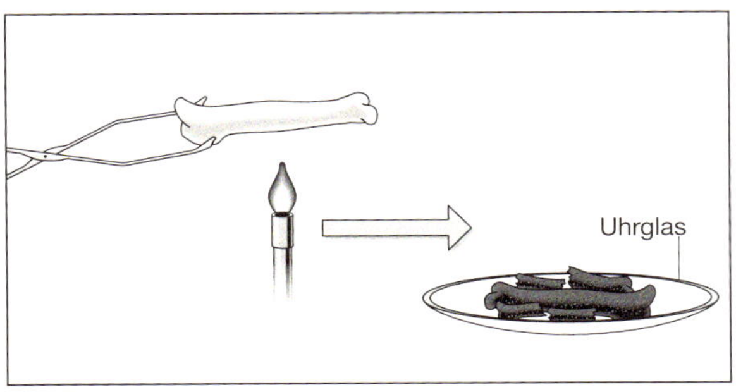

Ausglühen von Knochen

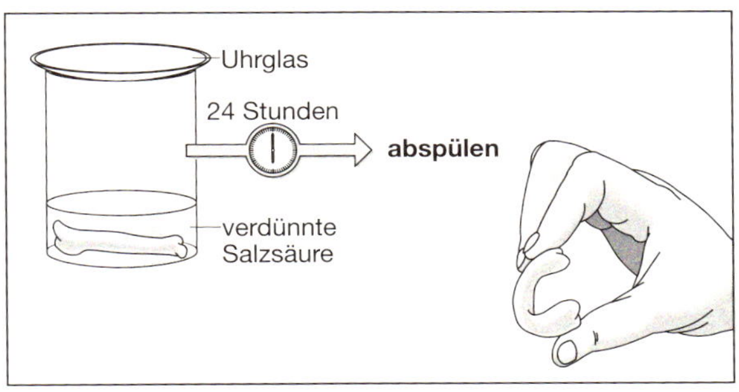

Knochen in verdünnter Salzsäure

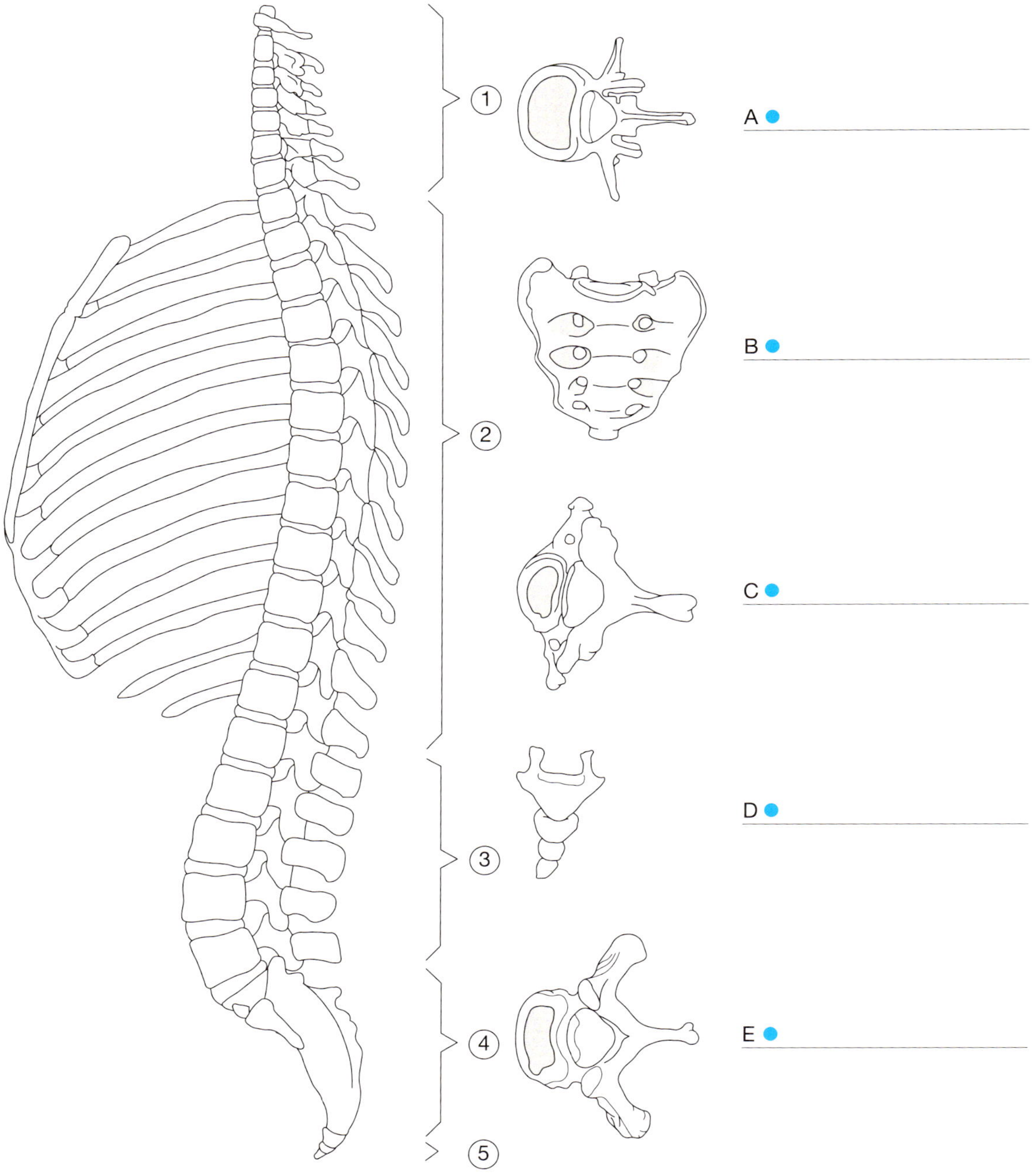

1 Male die Abschnitte der Wirbelsäule mit verschiedenen Farben an. Ordne den folgenden Abschnitten die richtigen Nummern zu:
Steißbein ( ), Brustwirbel ( ), Kreuzbein ( ), Halswirbel ( ), Lendenwirbel ( ).

2 Wie heißen die Einzelteile der Wirbelsäule? Ordne sie den Abschnitten zu, indem du sie mit der gleichen Farbe anmalst wie den entsprechenden Abschnitt der Wirbelsäule. Nimm zur Bearbeitung dein Lehrbuch zu Hilfe.

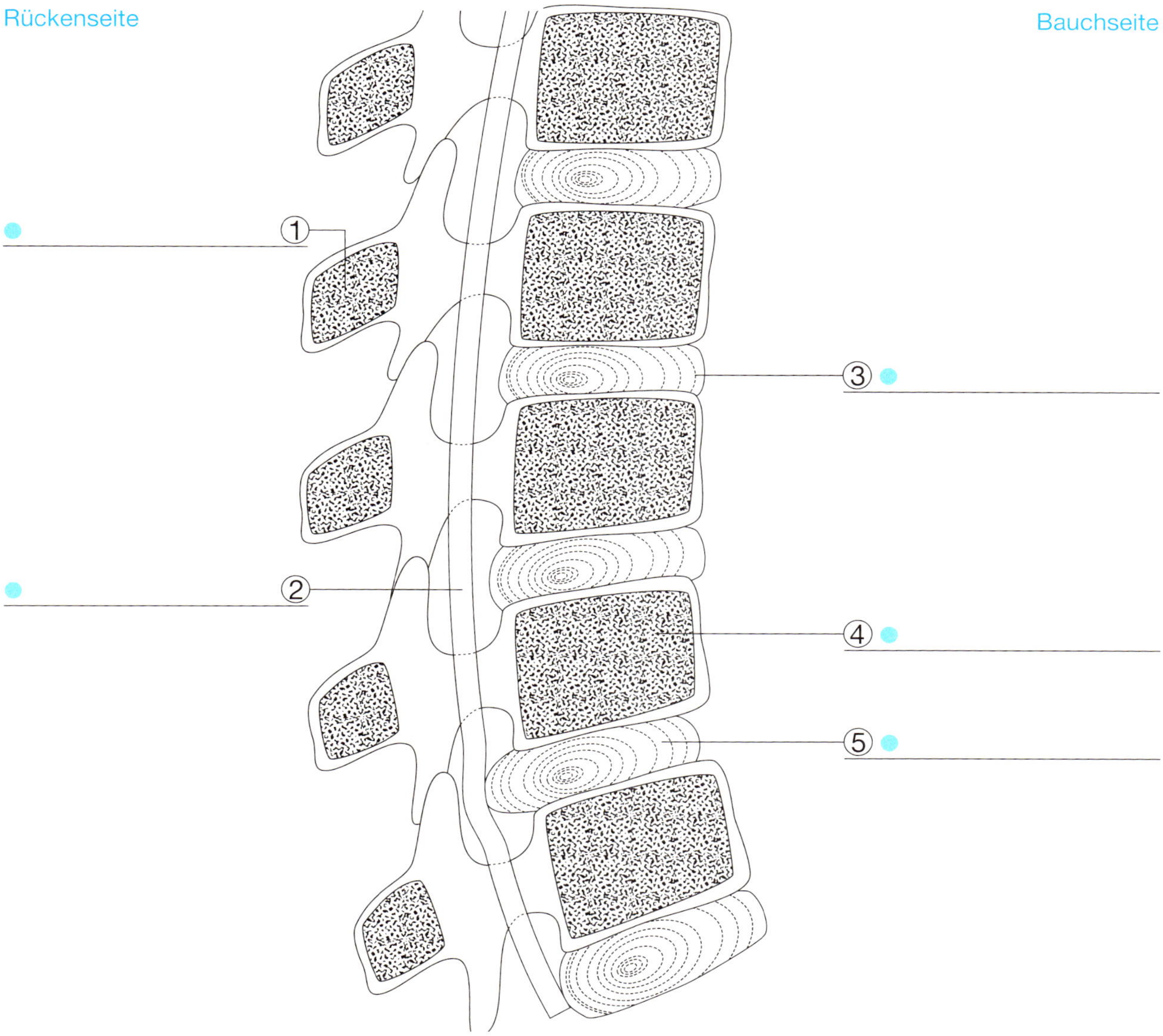

1 Beschrifte die Abbildung.

2 Bei ⑤ ist etwas nicht in Ordnung. Beschreibe.

3 Man nennt diese Erscheinung Bandscheibenvorfall. Er verursacht starke Schmerzen. Bei manchen Kranken kommt es zu Lähmungserscheinungen. Notiere, wie man einem Bandscheibenvorfall vorbeugen könnte (Hinweis: Bei stark gekrümmter Wirbelsäule ist die Gefahr eines Bandscheibenvorfalls besonders groß).

Wir messen unsere Körpergröße

1 Um diese Aufgabe durchführen zu können, benötigst du:
Türrahmen; Buch; Bleistift; Maßband; zweite Person.

Gemessen wird zweimal täglich über mehrere Tage und zwar jeweils morgens, kurz nach dem Aufstehen und abends, kurz vor dem Schlafengehen.
Stelle dich barfuß mit dem Rücken zum Türrahmen auf. Kopf und Rücken sollten den Rahmen dabei berühren. Halte deinen Kopf gerade und steh still. Die Hilfsperson legt dir nun das Buch flach auf den Kopf, es muss waagerecht liegen und mit einer Kante den Türrahmen berühren.
Dort, wo die Buchkante den Türrahmen berührt, wird am Türrahmen ein Markierungsstrich angebracht.
Du kannst jetzt mit dem Maßband deine Körpergröße messen.

Schreibe deine Ergebnisse in das untenstehende Ergebnisprotokoll.

Ergebnisprotokoll

Wochentag	Messergebnis morgens (cm)	Messergebnis abends (cm)	Unterschied (cm)	Was habe ich heute gemacht?

2 Erkläre in ausführlicher Form die Messergebnisse. Bedenke dabei: Bandscheiben werden bei Belastung dünner, sie dehnen sich bei Entlastung wieder aus!

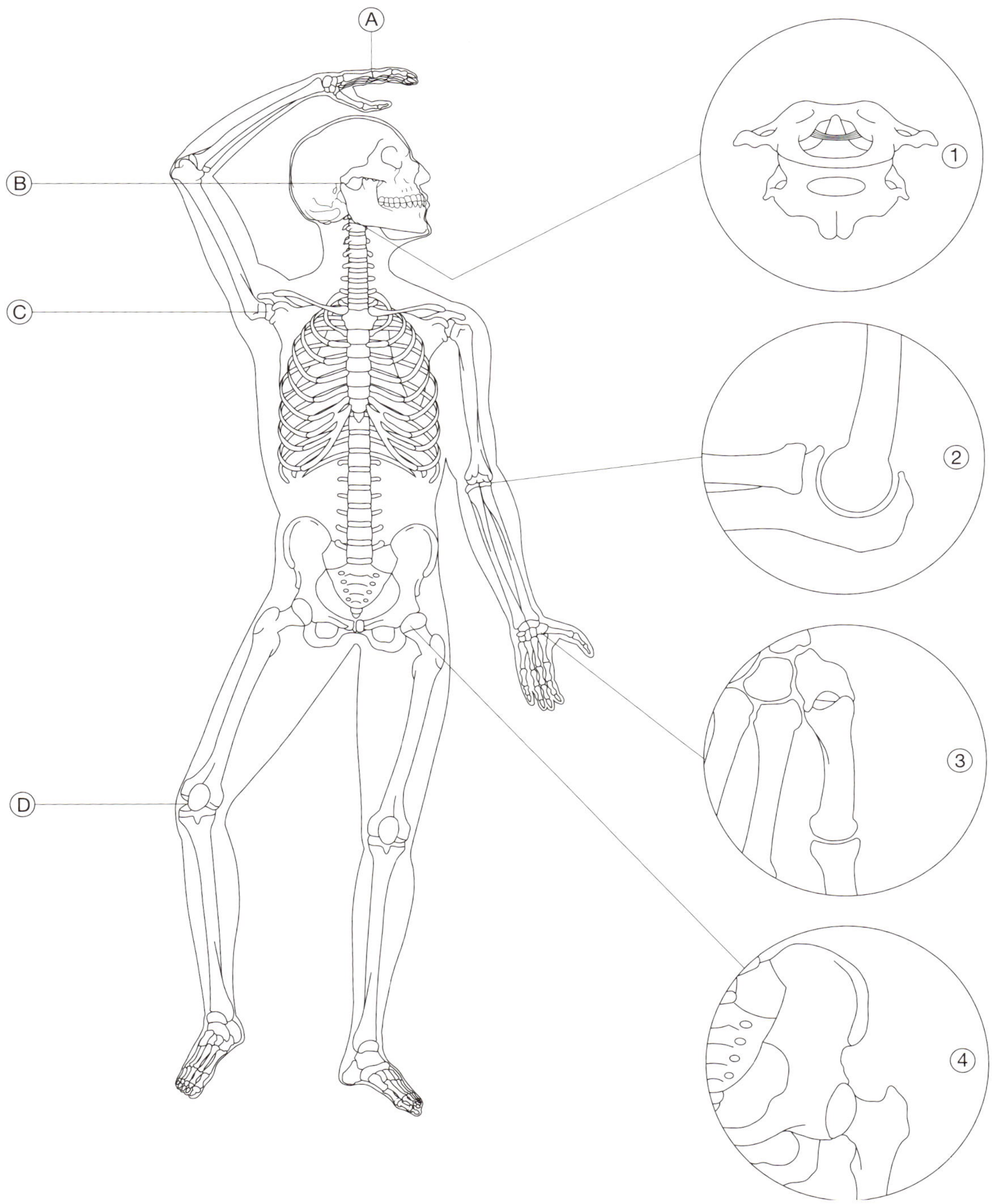

1 Benenne die in den Kreisen ① bis ④ abgebildeten Gelenke, Gelenktypen und Knochen.

2 Welche Gelenke sind mit den Buchstaben A bis D gekennzeichnet? Beschreibe die Aufgaben dieser Gelenke. Informiere dich dazu auch in deinem Lehrbuch.

● ______________________________

____

____

Das Ellenbogengelenk ist eines der kompliziertesten Gelenke unseres Körpers, weil darin drei Knochen beweglich miteinander verbunden sind. Deshalb ermöglicht es besonders vielseitige Bewegungen.

1 Probiere folgende Bewegungen aus:
- Halte Arm und Hand gestreckt und drehe die Handfläche abwechselnd nach oben und nach unten.
- Halte Arm und Hand gestreckt, die Handfläche zeigt nach oben, und führe die Handfläche an die Schulter desselben Arms.
- Kombiniere beide Bewegungen.

Eine Erklärung dieser Beweglichkeit kannst du durch einen Vergleich des Ellenbogengelenks mit technischen Gelenken finden.

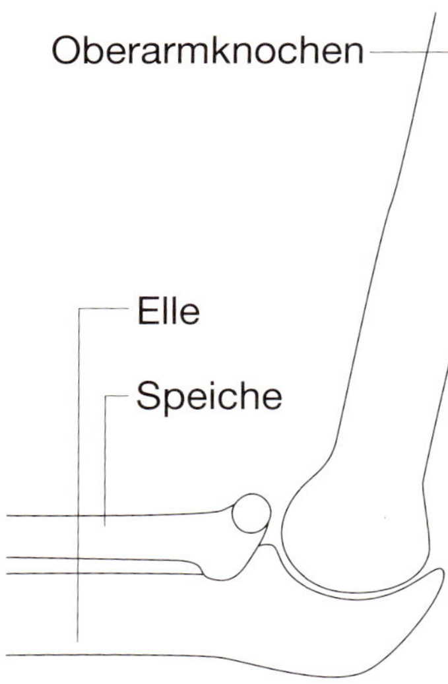

Ellenbogengelenk

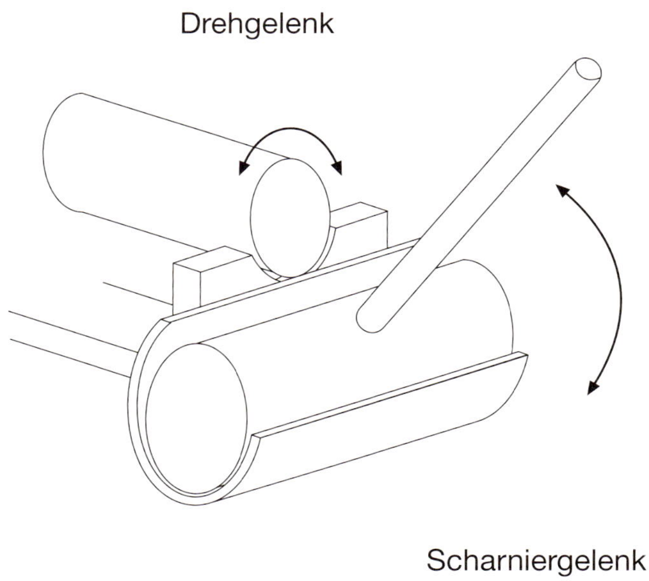

Technisches „Ellenbogengelenk“

2 Male Elle, Speiche und Oberarmknochen in drei verschiedenen Farben aus.

3 Welche Teile des technischen Gelenks entsprechen Elle, Speiche und Oberarmknochen? Male die richtigen Teile wie in der Abbildung links aus.

4 Erkläre nun deine Armbewegungen. Welches Gelenk hast du bei der ersten Bewegung betätigt, welches bei der zweiten?

____

____

____

A

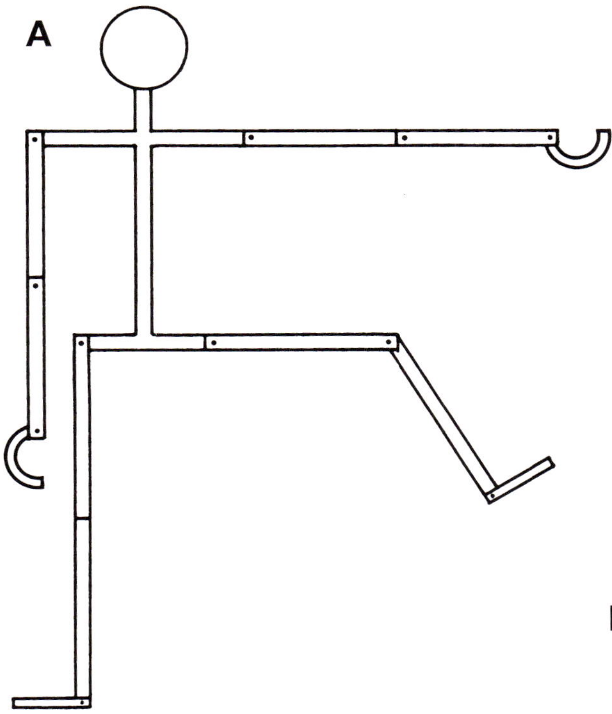

B

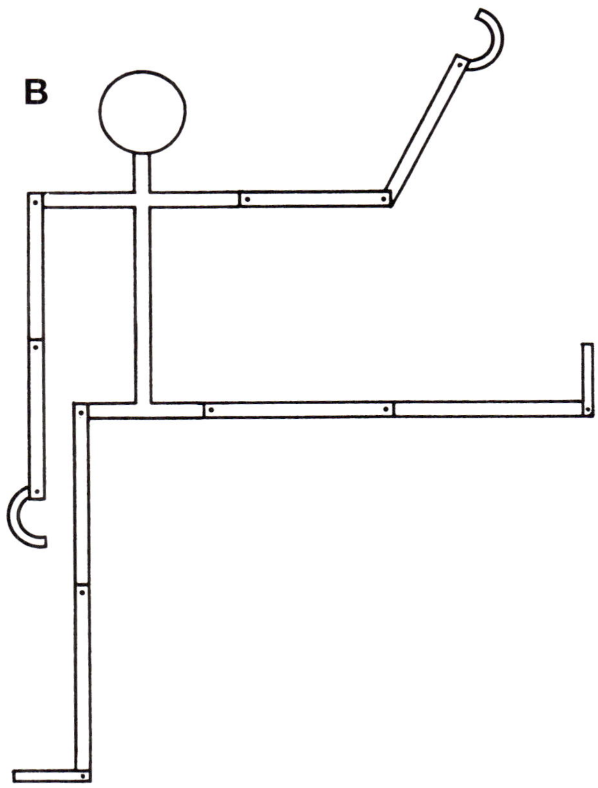

1 Vollziehe die Bewegungen der Strichmännchen nach. Ertaste dabei die Muskeln, die einerseits den Unterarm und andererseits den Unterschenkel bewegen.

2 Zeichne diese Muskeln an den entsprechenden Stellen bei den Strichmännchen. Wähle hierbei folgende Zeichen:

○ für gebeugten Muskel

⬭ für gestreckten Muskel

1 Für das Modell benötigst du folgende Materialien:
2 Holzleisten (ca. 30 cm lang mit 2 cm x 1 cm Kantenlänge), 1 Scharnier (2 cm breit), 6 kleine Holzschrauben, 4 Schrauhösen, 1 Damen-Nylonstrumpf oder Strumpfhose, Bindfaden, Luftballon, Schere, Schraubendreher

2 Verbinde zunächst die beiden Holzleisten beweglich mit dem Scharnier. Drehe dann in eine Holzleiste 7 cm von dem Scharnier entfernt eine Öse ein. Schraube die zweite Öse am äußeren Ende der anderen Holzleiste fest.
Schneide nun von dem Strumpf ein Stück von etwa 15 cm Länge ab und mache an jedes Ende einen einfachen Knoten. Befestige hinter beiden Knoten jeweils ein Stück Bindfaden. Schneide dann in der Nähe des Knotens ein kleines Loch in den Strumpfabschnitt und stecke einen Luftballon hinein. Befestige das Ganze dann an den Ösen. Achte dabei darauf, dass die Luftballonöffnung nicht in Richtung des Scharniers zeigt. Ziehe den Schrumpfabschnitt stramm, ohne dass die Holzleisten zusammenklappen. Überprüfe anhand der Abbildung, ob dein Modell der Vorlage entspricht.

3 Blase nun den Luftballon auf und führe vor, wie durch die Arbeitsweise des Beugemuskels der Arm angewinkelt wird.

4 Baue dein Modell so um, dass du die Wirkung des Streckmuskels am Oberarm vorführen kannst.

5 Erläutere, warum Beuger und Strecker als Gegenspieler bezeichnet werden.

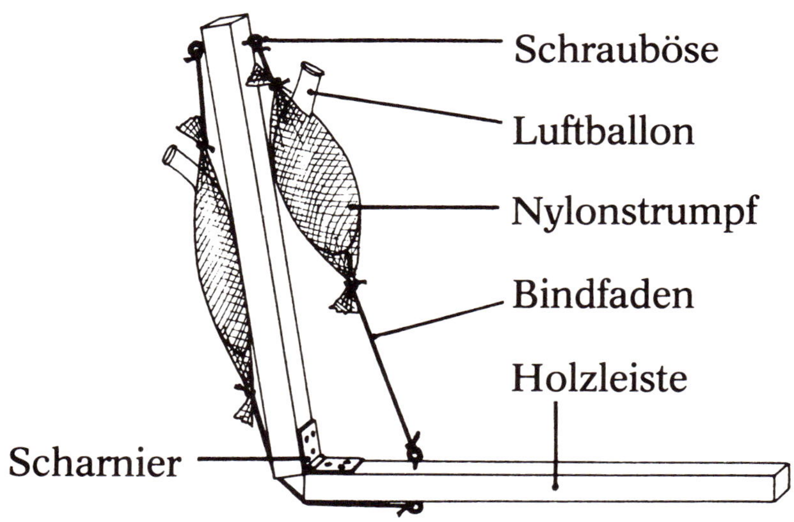

Zum Ausschneiden

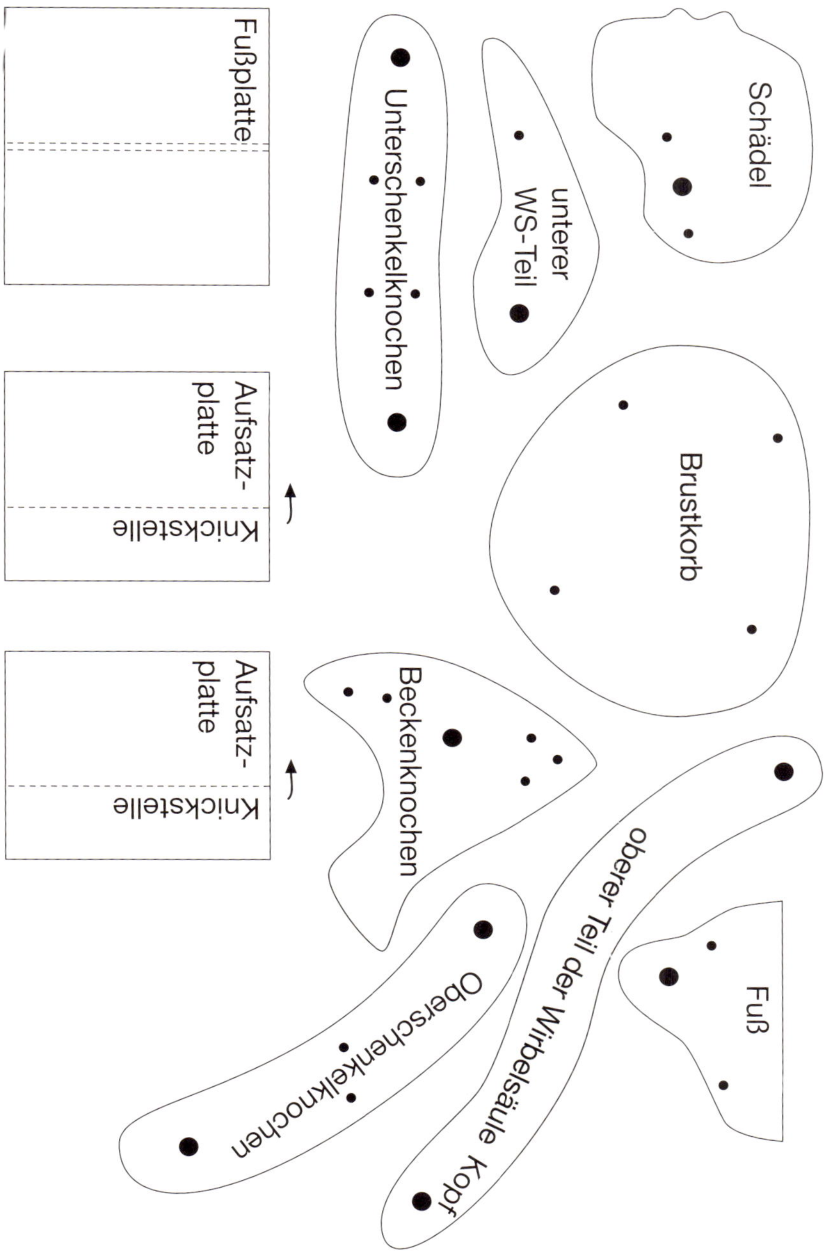

Fädelanleitung

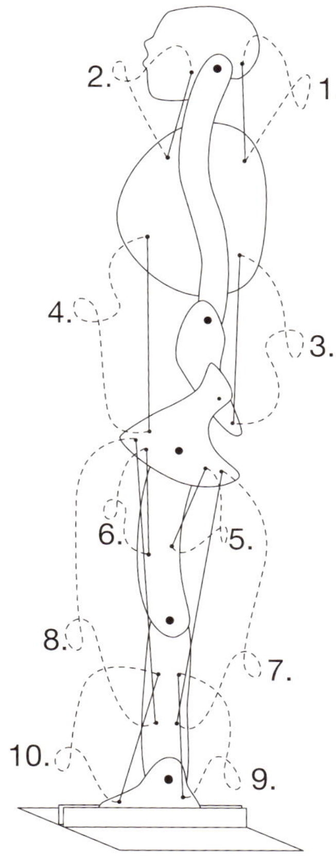

Faltanleitung für die Fußplatte

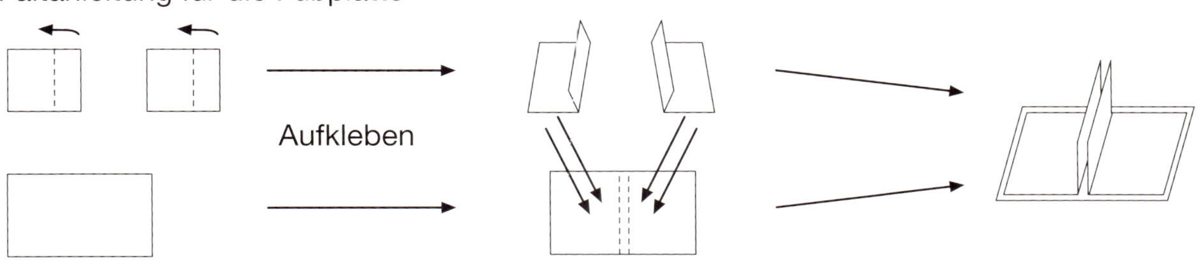

1 Für die Arbeit mit dem Bastelbogen Seite 29 benötigst du folgende Materialien:
Bastelbogen, etwa 2 mm dicker fester Pappdeckel: DIN A5 (z. B. alte Deckel von Blöcken o. Ä.); Kleber; kleine spitze Schere (z. B. alte Nagelschere); Stecknadel mit dickem Kopf; Heftzwecke oder Pin-Nadel (zum Lochen der Pappe); 10 Briefklammern oder Nieten (6 mm lang, als Gelenkung); einen 1 m langen, dicken Baumwollfaden mit entsprechend dicker Stopfnadel und Fingerhut

Nun kann es losgehen:

1. Schneide die angegebenen Teile aus dem Bastelbogen aus.
2. Klebe sie auf den Pappdeckel.
3. Schneide jetzt die Skelettteile sorgfältig aus – lieber etwas zu groß als zu klein!
4. Überprüfe die richtige Anordnung der Skelettteile anhand der Fädelanleitung, indem du sie auf der freien Tischfläche auslegst.
5. Loche an den vorgesehenen Stellen (Punkten) die Pappteile mit der Stecknadel oder Stopfnadel. Vergrößere nur die Gelenklöcher (große Punkte) vorsichtig mit der Pin-Nadel oder Heftzwecke, damit sie nicht ausreißen, wenn die Briefklammern oder Nieten durchgesteckt werden müssen.
6. Klebe jetzt den „oberen Teil der Wirbelsäule" an den Brustkorb (schraffiertes Feld) und den „unteren Teil der Wirbelsäule" an den „Beckenknochen".
7. Stecke jetzt die Briefklammern oder Nieten durch die Löcher für die Gelenke und füge die zusammengehörenden Teile nach der Fädelanleitung zusammen.
8. Drücke die Briefklammern bzw. die Nieten so zusammen, dass die Skelettteile sich leicht bewegen lassen. (Die langen Laschen der Briefklammern kann man halb umknicken, dann „stehen sie nicht so über".)
9. Ziehe jetzt die Fäden mit der Stopfnadel durch die Löcher, wie sie in der Fädelanleitung markiert sind, und verknote die überstehenden Enden so, dass große Schlaufen entstehen. WICHTIG: Damit das Männchen durch die Fäden aufrecht gehalten wird, müssen die Fäden dicker als die Papplöcher und schwer durchzuziehen sein.
10. Fertige nun die Fußplatte entsprechend der Faltanleitung an.
11. Bringe das „Skelettmännchen" zum Stehen, indem du, wie in der Faltanleitung deutlich gemacht, das Skelett streckst und dann die Fäden auf der Vorderseite durch Ziehen der rückseitigen Schlaufen straff spannst. Setzt du den Fuß des Skelettmännchens jetzt in die Fußplatte, dann dürfte es stehen bleiben.

2 Untersuche anhand des Skelettmännches, welche „Muskeln" sich beim „Hocken", „Bücken", „Nach hinten beugen" und „Aufrecht stehen" aktiv verkürzen müssen und welche gleichzeitig passiv gedehnt werden.

3 Erläutere anhand dieses Modells das Gegenspielerprinzip.

Normalerweise wird die Wirbelsäule von beide Körperseiten gleichstark belastet Ⓐ. Manche Menschen werden jedoch mit unterschiedlich langen Beinen geboren. Das führt zu einer seitlichen Wirbelsäulenverkrümmung Ⓑ. Eine dauerhafte einseitige Belastung kann ebenfalls zu einer seitlichen Verkrümmung führen Ⓒ.

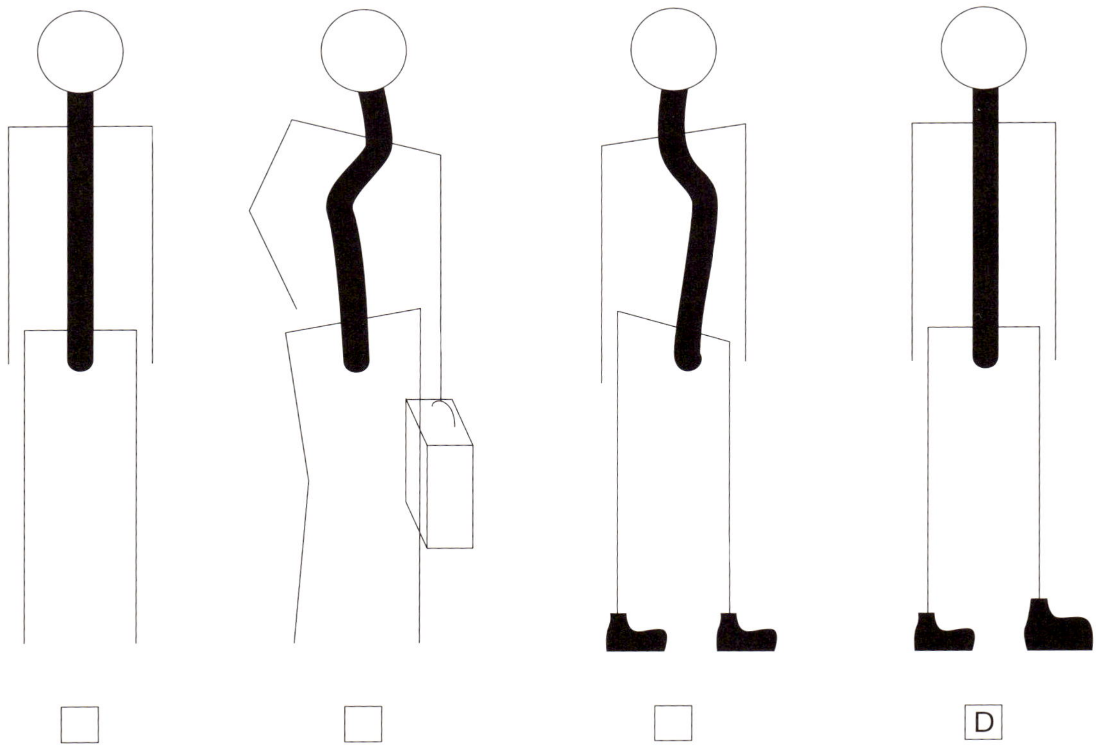

1 Ordne die Buchstaben der Zeichnung den richtigen Textstellen zu.

2 Welcher Fall von Verkrümmung kann vermieden werden und wodurch?

- ____

____

In welchem Fall ist eine Korrektur möglich? Beziehe die Abbildung Ⓓ in deine Überlegungen ein.

- ____

____

____

____

____

____

Übung 1: „Oberkörper drehen“
Hände in den Nacken legen, Ellenbogen nach hinten ziehen, Oberkörper abwechselnd nach links und nach rechts drehen.

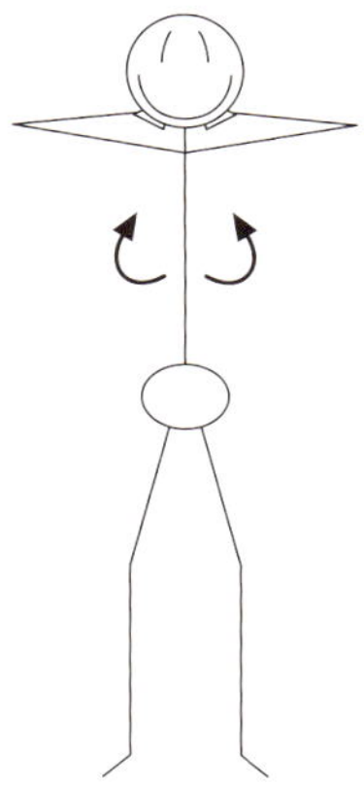

Übung 2: „Händedruck“
Hände umfassen sich vor der Brust wie bei einem Händedruck, Schultern und Arme anspannen, Hände kräftig gegeneinanderdrücken, bis 10 zählen, entspannen.

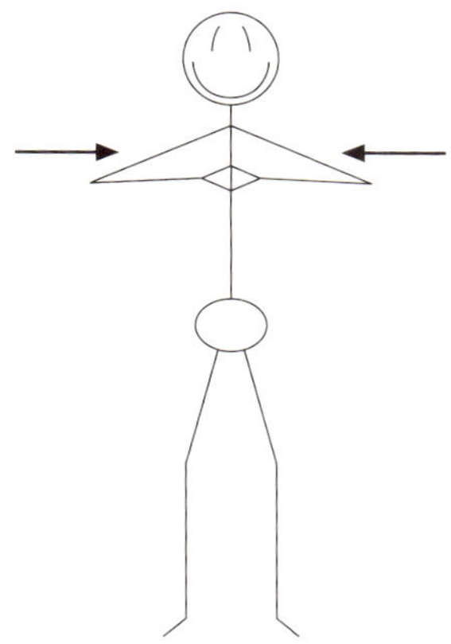

Übung 3: „Beinschere“
Im Sitzen Beine ausstrecken, Beine etwas vom Boden abheben, langsam die gestreckten Beine abwechselnd anheben.

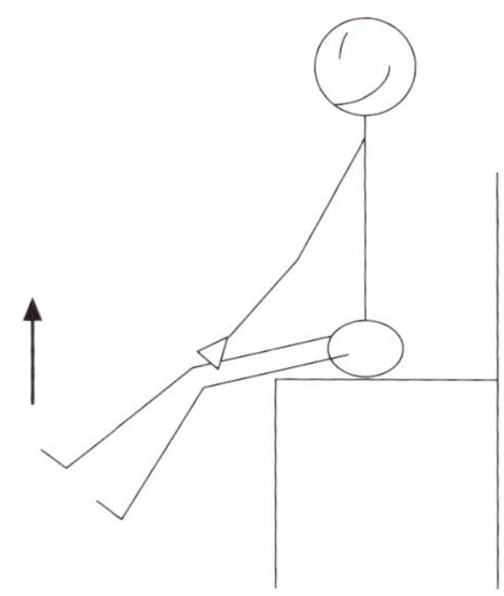

Übung 4: „Größer werden“
Beide Arme abwechselnd so hoch wie möglich ziehen, dabei um jeden Millimeter kämpfen.

Übung 5: „Arme kreisen“
Arme strecken und waagerecht halten, langsam kreisen, erst vorwärts, dann rückwärts, zunächst zeigen die Handflächen nach unten, dann nach vorne, dann nach oben.

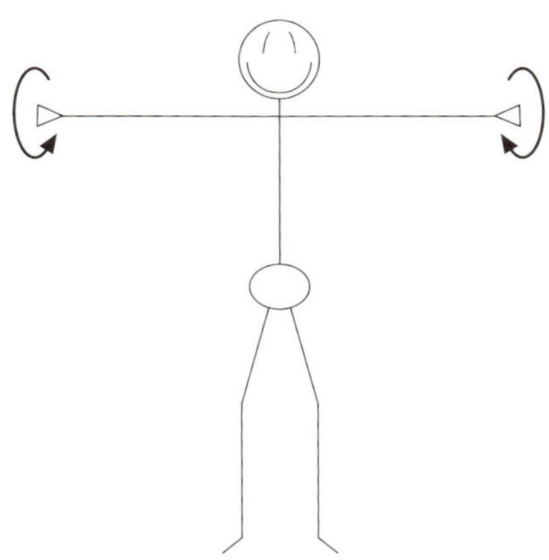

Übung 6: „Rumpf senken“
Beine leicht spreizen, etwas in die Knie gehen, Hände ruhen auf den Hüften, nun langsam tiefer in die Knie bewegen, Stellung halten, langsam hochbewegen.

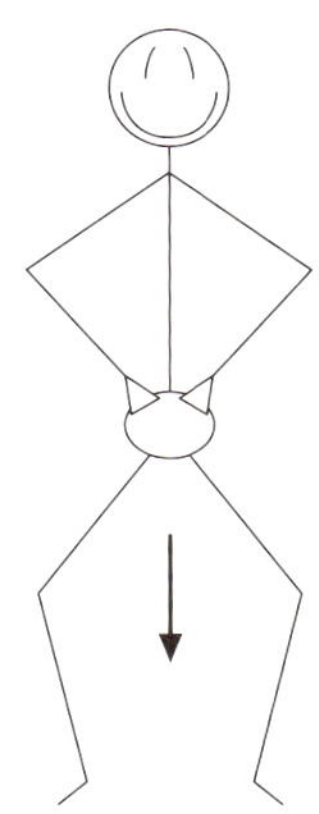

Das Bewegungssystem – ein Lückentext

Die große ● ____________ des menschlichen Körpers kommt durch das Zusammenspiel von ● ____________ und ● ____________ zustande.

Die Knochen sorgen dabei für Stabilität, zugleich ● ____________ sie einen Teil unserer inneren Organe.

Die Gesamtheit aller Knochen nennt man ● ____________. Es gliedert sich in Rumpf-, ● ____________ - und Kopfskelett.

Die Knochen der Arme sind über den ● ____________ mit dem ● ____________ verbunden.

Der ● ____________ erfüllt dieselbe Aufgabe für die Knochen der Beine.

Die ● ____________ bildet die Längsachse des Skeletts.

Alle beweglichen Teile des Knochengerüsts stehen durch ● ____________ miteinander in Verbindung.

Die ● ____________ sind der aktive Teil des Bewegungssystems.

Sie können sich ● ____________ und werden dabei kürzer und dicker.

Da jeder Muskel über eine ● ____________ mit einem Knochen in Verbindung seht, kommt es bei einer ● ____________ des Muskels zu einer ● ____________ des dazugehörigen Knochens.

1 Vervollständige den Lückentext. Nimm die folgenden Begriffe zur Hilfe.

Ich weiß die fehlenden Wörter.
Hier sind sie:

Gliedmaßen, Gelenke, Knochen, Beweglichkeit,
Wirbelsäule, Muskeln, Bewegung, schützen,
Verkürzung, Beckengürtel, Skelett, zusammenziehen,
Rumpf, Sehne, Beckengürtel, Schultergürtel

Die Reihenfolge stimmt aber leider nicht!

1 Der seelische Zustand eines Menschen lässt sich oft auch an seiner Körperhaltung erkennen. In unserer Sprache gibt es viele Begriffe und Redewendungen, die das zum Ausdruck bringen.

Spielanleitung:
Es soll versucht werden, solche Begriffe und Redewendungen durch die Haltung und Bewegung des Körpers darzustellen. Dazu werden zunächst die unten stehenden Begriffsfelder auf Zettel übertragen. Der Spielleiter lässt den ersten Spieler einen Zettel ziehen. Der Spieler findet so seinen Auftrag. Derjenige, der den Begriff zuerst errät, ist der nächste Spieler.

Wenn dir noch andere derartige Begriffe oder Redewendungen einfallen, kannst du sie natürlich auch für das Spiel benutzen.

hochnäsig sein	den Kopf hängen lassen
kein Rückgrat haben	buckeln
eine gute Haltung haben	verkrampft sein
rumhängen	den Kopf einziehen
niedergeschlagen sein	eine stramme Haltung
Kopf hoch!	stocksteif

Begleite einen Fuchs auf seiner Pirschjagd.

1 Betrachte den Jagdverlauf (siehe gepunktete Linie). Schildere in einem kurzen Text den Verlauf in deinem Heft.

2 Was erfährst du über den „Speisezettel“ des Fuchses? Schreibe die Antwort in dein Heft.

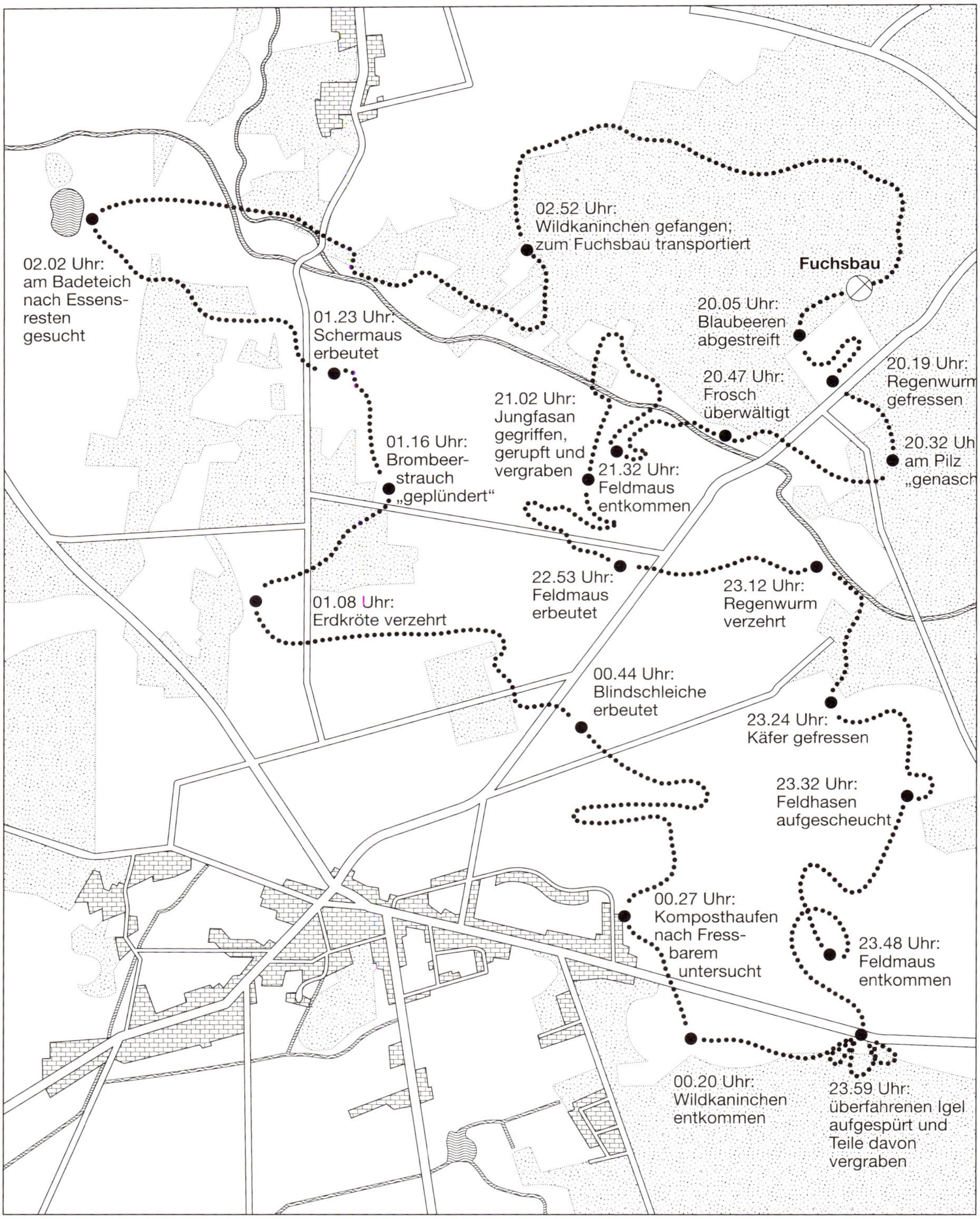

Der Maulwurf – angepasst an das Leben im Erdboden

1 Die Abbildungen zeigen die Körpergestalt eines Maulwurfs sowie in Ausschnitten einige auffällige Körpermerkmale. Sie geben dir Hinweise auf die besonderen Anpassungen des Tieres an das Leben im Erdboden. Schreibe hierzu einen entsprechenden Text in Stichworten in dein Heft. Du kannst dich an den Ziffern orientieren.

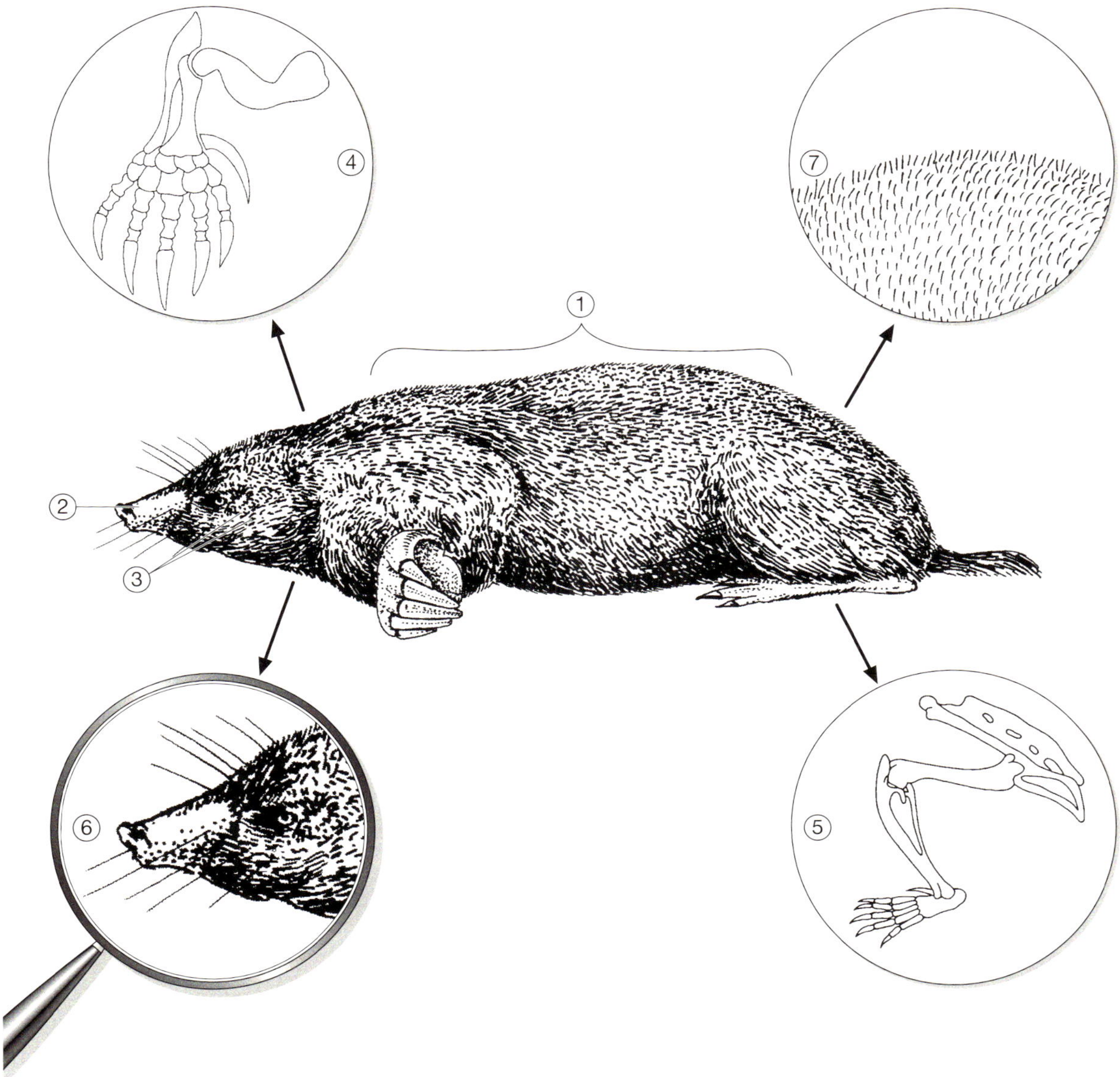

1 a) Benenne die einzelnen Teile des Vogelskeletts mit den Bezeichnungen: Becken, Brustbein mit Brustbeinkamm, Finger, Hand, Hornschnabel, Fuß, Oberarm, Oberschenkel, Rabenschnabelbein, Rippen, Schädel, Gabelbein, Schulterblatt, Unterarm, Unterschenkel, Wirbelsäule, Zehen.

b) Male anschließend die Teile des Vogelkörpers farbig aus: Schädel = gelb, Rumpf = rot, Gliedmaßen = blau.

① ______________________

② ______________________

③ ______________________

④ ______________________

⑤ ______________________

⑥ ______________________

⑦ ______________________

⑧ ______________________

⑨ ______________________

⑩ ______________________

⑪ ______________________

⑫ ______________________

⑬ ______________________

⑭ ______________________

⑮ ______________________

⑯ ______________________

⑰ ______________________

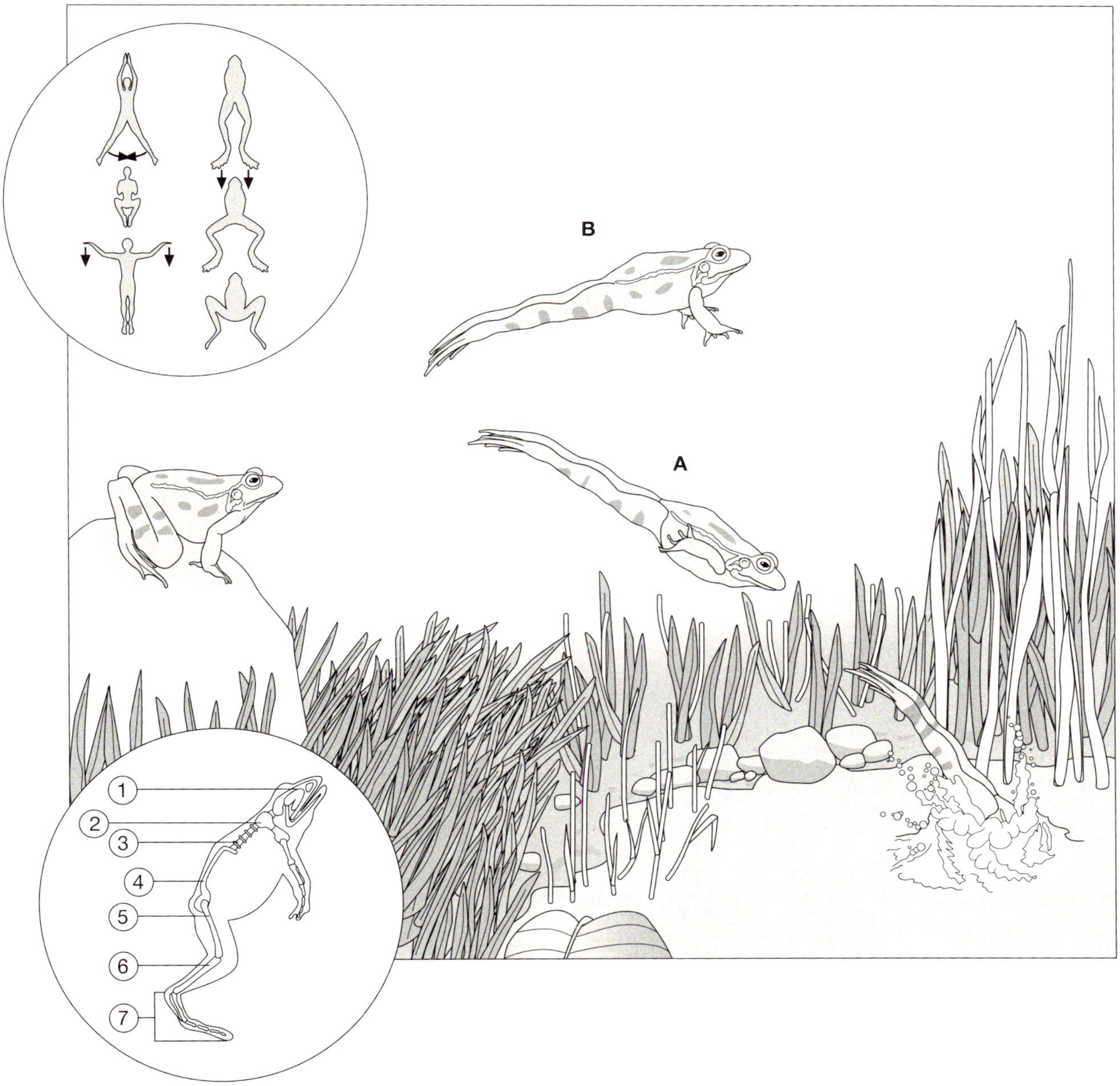

1 a) Beschrifte das Skelett des Wasserfrosches.

① ______________________ ② ______________________ ③ ______________________

④ ______________________ ⑤ ______________________ ⑥ ______________________

⑦ ______________________

2 Berichte, wie der Frosch springt. Frosch A landet im Wasser, Frosch B auf dem Land. Nenne Unterschiede in ihrer Körperhaltung. Begründe.

3 Beschreibe die Fortbewegung des Frosches im Wasser. Nenne Unterschiede im Schwimmstil zum Brustschwimmen des Menschen.

Buchstabenrätsel: Lebensweise von Fröschen

In diesem Buchstabenrätsel sind – waagerecht oder senkrecht – die Lösungswörter für die Satzlücken zu finden. Findest du alle?

	1	2	3	4	5	6	7	8	9	10	11	12	13	14	15	16	17	18	19	20
A																T				
B	S					S			K							A				
C	C		F	E	U	C	H	T	L	U	F	T	T	I	E	R	E			
D	H					H			A							N				
E	W					A			P							F				S
F	I			K		L			P							A				C
G	M			R		L	M		Z							E				H
H	M			O		B	O		U							R				L
I	H			E		L	L		N							B				E
K	A			T		A	C		G			H				U				I
L	E			E		S	H		E			A		L	U	N	G	E		M
M	U			N		E	E					U				G				D
N	T					N						T								R
O	E		B	O	D	E	N	S	C	H	L	A	M	M						U
P												T								E
Q												M								S
R		U	N	K	E	N						U			L	U	R	C	H	E
S						S	A	L	A	M	A	N	D	E	R					N
T												G								

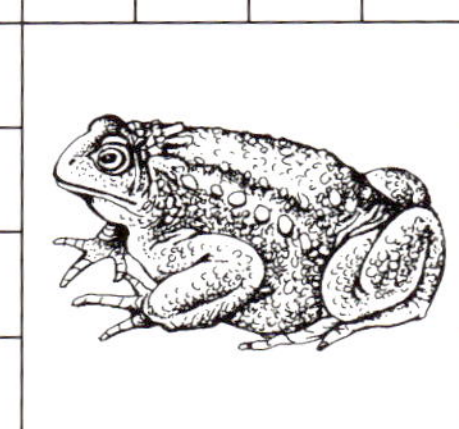

1. Frösche sind Amphibien oder ____________.

2. Mit der ____________________ fangen Frösche ihre Beute.

3. Frösche halten sich dort auf, wo es feucht ist. Sie werden deshalb auch als ____________________ bezeichnet.

4. Mit den ____________________ erzeugen Wasserfrösche ihre Quaklaute.

5. Zwischen den Zehen der Frösche spannen sich ____________________.

6. Die Färbung der Frösche wird auch als ____________________ bezeichnet.

7. Frösche können im ____________________ eines Teiches überwintern.

8. Im Wasser gelangt der Sauerstoff durch die Haut der Frösche in die Blutgefäße. Man bezeichnet diese Form der Atmung als ____________________.

9. An Land atmen die Frösche zusätzlich mit der ____________________

10. ________________ verhindern das Austrocknen der Haut an Land.

11. Neben den Fröschen gehören auch ________________, ________________ ________________ und ________________ zu den Lurchen.

1 Welche Abbildungen und Erklärungen passen zu den Zeitangaben? Schreibe den Buchstaben der Abbildung in den oberen Halbkreis, die Zahl der Erklärung in den unteren Halbkreis. Gestalte die Zeichnung farbig.

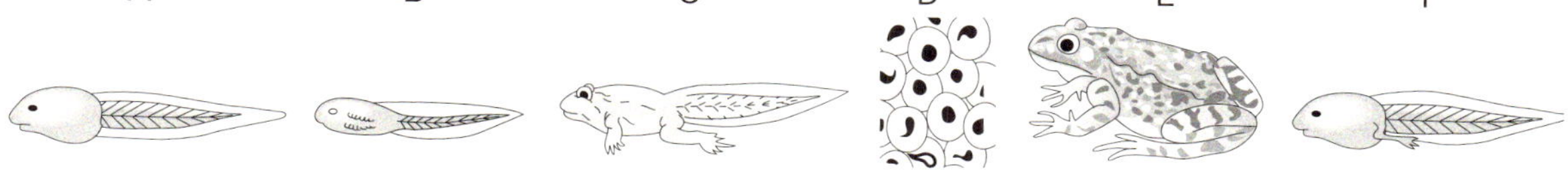

1 Die Hinterbeine wachsen.

2 Aus der Kaulquappe hat sich ein Frosch entwickelt.

3 Die Kaulquappe atmet mit Innenkiemen.

4 Die Kaulquappe atmet mit Außenkiemen.

5 Im Laich entwickelt sich der Embryo.

6 Die Vorderbeine wachsen. Die Lunge beginnt zu arbeiten.

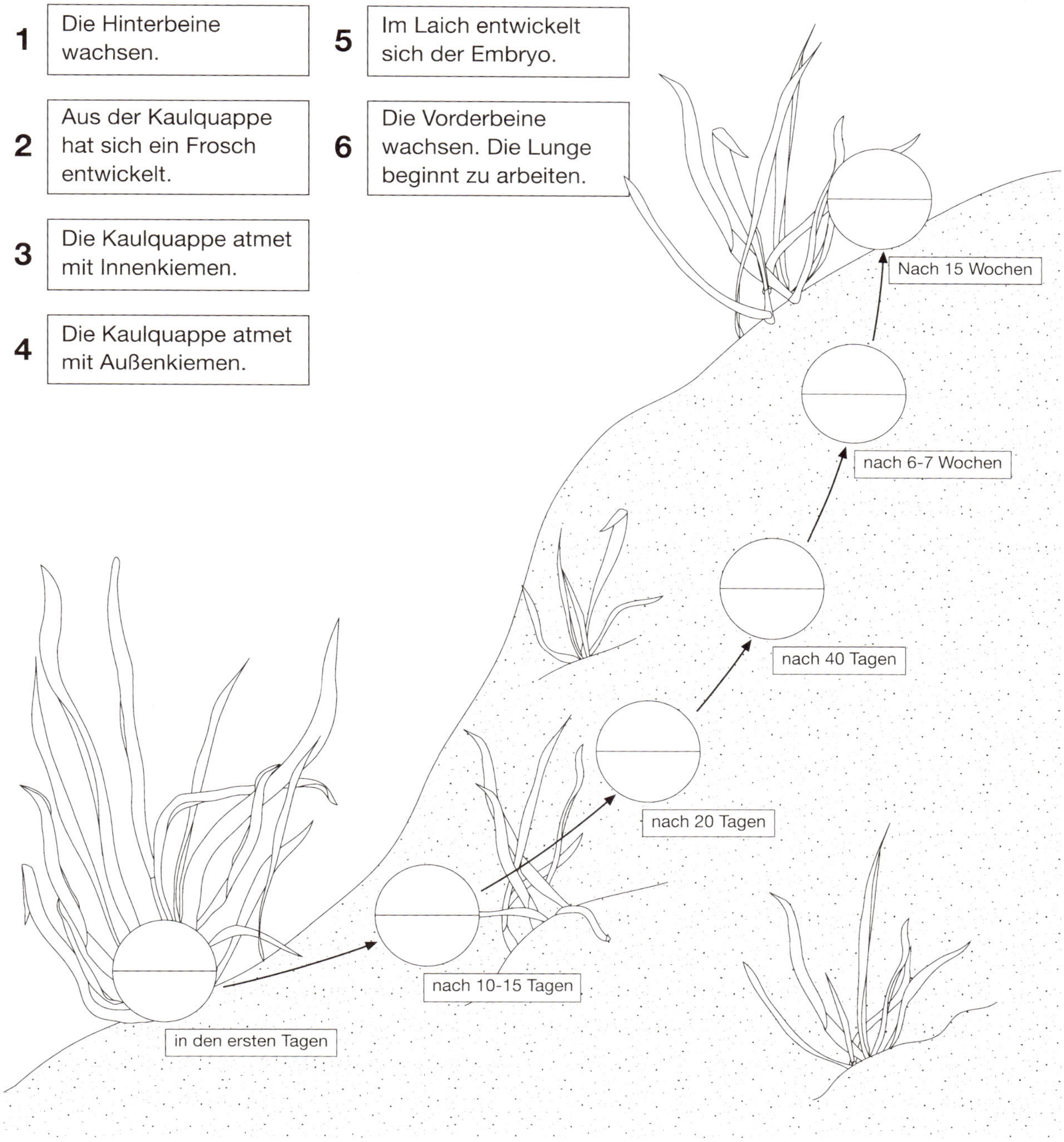

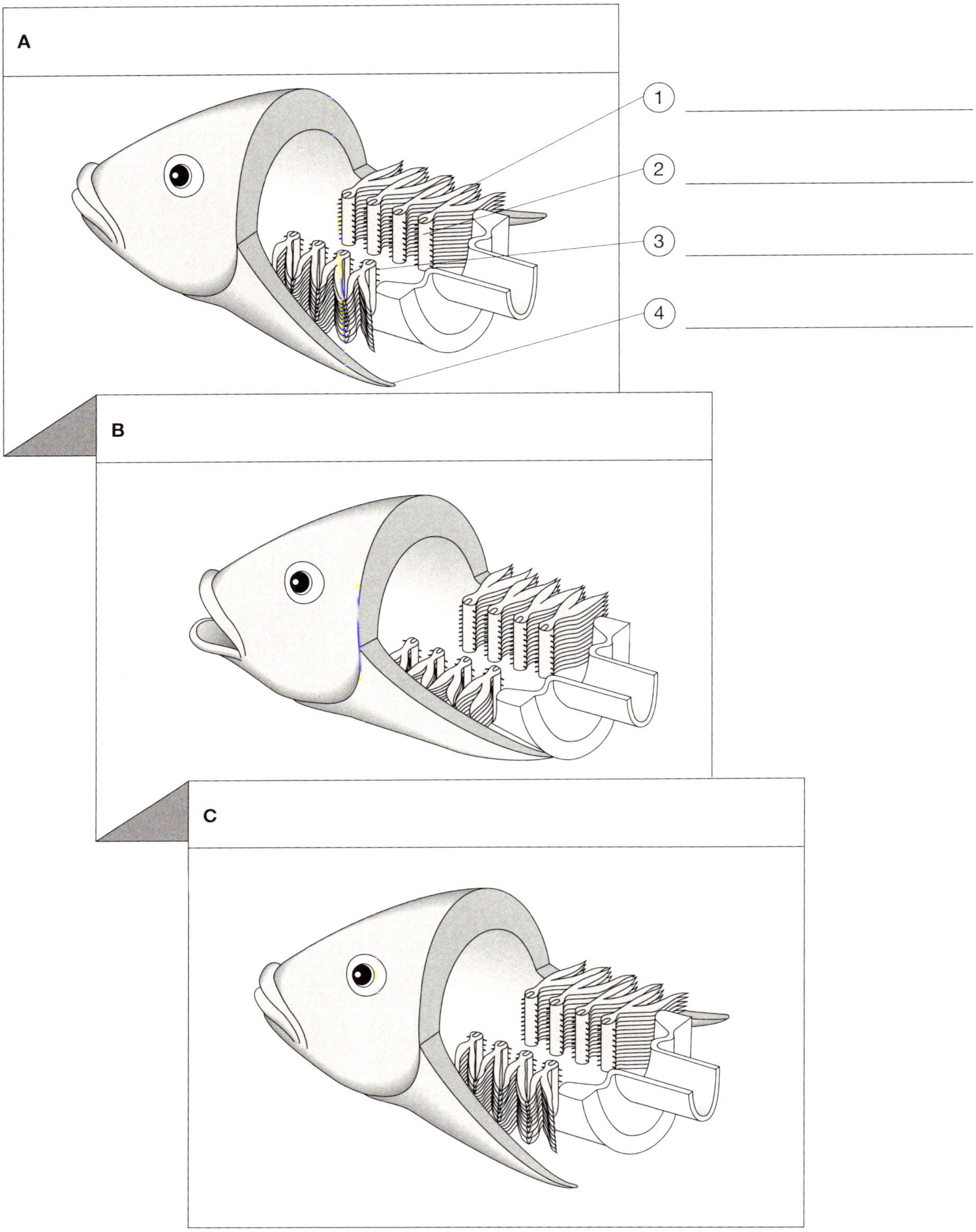

1 Ordne den Ziffern die entsprechenden Begriffe zu.

2 Zeichne mit blauen Pfeilen die Wasserströmung beim Atmen ein. Benenne die Zustände A bis C.

Modell einer Kieme:

1 Miss die graue Kiemenfläche aus! ______________________________

2 Schneide das Kiemenmodell mit einer Schere aus und schneide die durchgezogenen Linien ein!

3 Knicke die gestrichelten Linien und klebe die beiden Hälften des Kiemenbogens mit Klebstoff zusammen!

4 Wie groß ist die Atmungsoberfläche dieses Kiemenmodells jetzt?

____

5 Klappe die Kiemenblättchen des Modells zusammen! Was stellst du fest?

____

____

1 In der Buchstabensuppe haben sich 12 seltene und gefährdete Säugetiere versteckt. Sie stehen in Deutschland fast alle unter Schutz. Daneben findest du noch mindestens 10 Säugetiere, die häufig vorkommen. Suche ihre Name waagerecht und senkrecht, vorwärts und rückwärts. Ordne die Namen der gefährdeten Säugetiere den Abbildungen zu.

① ______________________

② ______________________

③ ______________________

④ ______________________

A	F	E	L	D	H	A	M	S	T	E	R
B	I	B	E	R	E	L	F	A	W	S	E
U	S	I	T	L	I	P	L	E	A	H	F
Z	C	D	N	U	H	E	E	S	S	A	Ä
N	H	A	B	M	M	N	D	A	E	S	L
I	O	C	E	A	T	S	E	H	R	E	H
E	T	H	X	R	Ö	T	R	D	S	L	C
W	T	S	T	D	A	E	M	L	P	M	S
H	E	Y	L	E	G	I	A	E	I	A	N
C	R	E	H	R	U	N	U	F	T	U	E
S	F	U	C	H	S	B	S	Ü	Z	S	B
D	N	U	H	R	W	O	L	F	M	B	E
L	E	S	E	I	W	C	E	F	A	A	I
I	R	A	T	T	E	K	M	V	U	Q	S
W	I	L	D	K	A	T	Z	E	S	O	R

⑦ ______________________

⑤ ______________________

⑧ ______________________

⑥ ______________________

⑨ ______________________

⑩ ______________________

⑪ Wasser-______________________

⑫ ______________________

Samen enthalten Nährstoffe

Für die folgenden Versuche benötigst du: Jod-Jodkaliumlösung, Eiweiß-Teststäbchen (aus der Apotheke), Butterbrotpapier, Mandeln, Erbsen, Mais, Sojabohnen, Walnüsse, Bohnen, Weizen, Haselnüsse, Roggen, Sonnenblumenkerne, Reis, Linsen, Wasser.
Die Jod-Jodkaliumlösung verwendest du für den Stärkenachweis, die Eiweiß-Teststäbchen für den Eiweißnachweis und das Butterbrotpapier für den Fettnachweis. Informiere dich zuächst in deinem Lehrbuch, wie die Nachweise durchgeführt werden.

Die Samen von Erbsen, Mais, Sojabohnen, Bohnen, Weizen, Roggen, Reis und Linsen müssen vor der eigentlichen Untersuchung einen Tag im Wasser quellen.

1 Führe die Nachweise auf die verschiedenen Nährstoffe durch. Vervollständige die Tabelle.

Nährstoffe	**Methode**	**Benötigte Materialien**
Kohlenhydrate		
Fett		
Eiweißstoffe		

2 Notiere die Ergebnisse deiner Untersuchung.

Samen	**Kohlenhydrate**	**Fett**	**Eiweißstoffe**
Mandeln			
Erbsen			
Mais			
Sojabohnen			
Walnüsse			
Bohnen			
Weizen			
Haselnüsse			
Roggen			
Sonnenblumenkerne			
Reis			
Linsen			

Bohnen keimen auf unterschiedliche Arten

Gemüsebohne

Feuerbohne

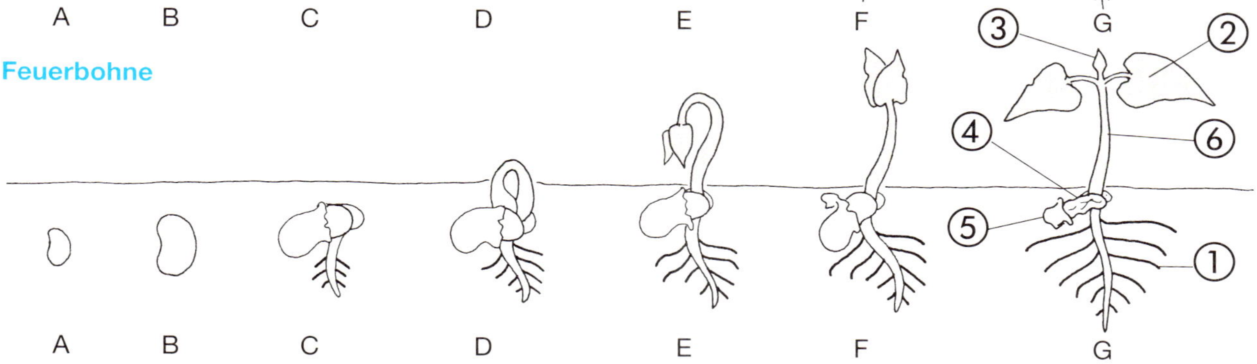

1 Ordne den folgenden Bezeichnungen die entsprechenden Ziffern zu:
Knospe ( ), Wurzel ( ), Stängel ( ), Samenschale ( ), Laubblatt ( ), Keimblatt ( ).

2 Beschreibe und vergleiche in der folgenden Tabelle die Keimung bei Gemüsebohne und Feuerbohne.

Phase	Gemüsebohne	Feuerbohne
A		
B		
C		
D		
E		
F		
G		

Versuche zur Bedeutung der Keimblätter (1)

Du benötigst: 20 Samen der Gemüsebohne, 3 Blumentöpfe, Blumenerde, 1 Glasgefäß, Jod-Kaliumjodid-Lösung, Pipetten, Pinzetten, Messer

1 Lege fünf Bohnensamen in eine Glasschale und bedecke sie mit Wasser. Am nächsten Tag werden die gequollenen Samen aus dem Glasgefäß abgetrocknet. Nun entfernst du die Samenschale und legst die beiden Keimblätter frei. Für die weitere Untersuchung schneidest du die Keimblätter auf und beträufelst die Schnittfläche mit Jod-Kaliumjodid-Lösung. Das Ergebnis wird in den Protokollbogen A auf der nächsten Seite eingetragen.

2 Die drei Blumentöpfe werden mit Erde gefüllt. Darauf legst du jeweils fünf Bohnensamen. Die Töpfe werden ans Fenster gestellt und regelmäßig gut begossen. Nun musst du einige Tage warten, bis die oberirdischen Teile der Keimpflanzen entwickelt sind.

3 Nach etwa 10 Tagen gehst du folgendermaßen vor: Bei den Pflanzen aus Topf I entfernst du ein Keimblatt, in Topf II werden beide Keimblätter entfernt. Die Pflanzen aus Topf III bleiben unverändert.

4 Die abgetrennten Keimblätter werden mit Jodlösung untersucht und die Ergebnisse im Protokollbogen A notiert.

5 Die Keimpflanzen aus den drei Blumentöpfen werden täglich beobachtet und die Ergebnisse im Protokollbogen B festgehalten.

6 Sobald die noch vorhandenen Keimblätter der Pflanzen in Topf I bzw. III welken und abfallen, werden sie mit Jodlösung untersucht und das Ergebnis im Protokollbogen A notiert.

7 Erkläre die Versuchsbeobachtungen und notiere diese im Protokollbogen C.

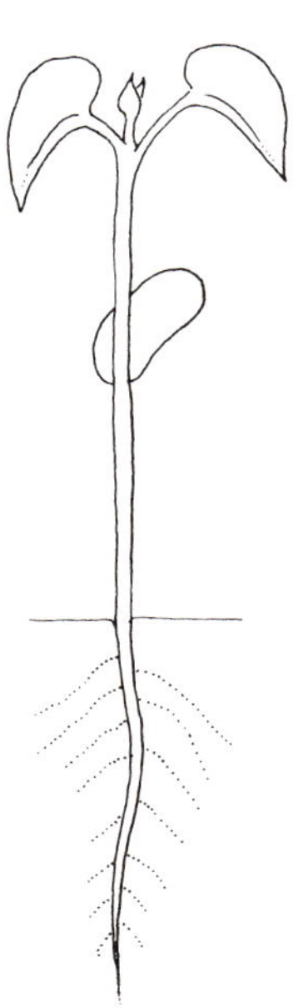

Blumentopf I

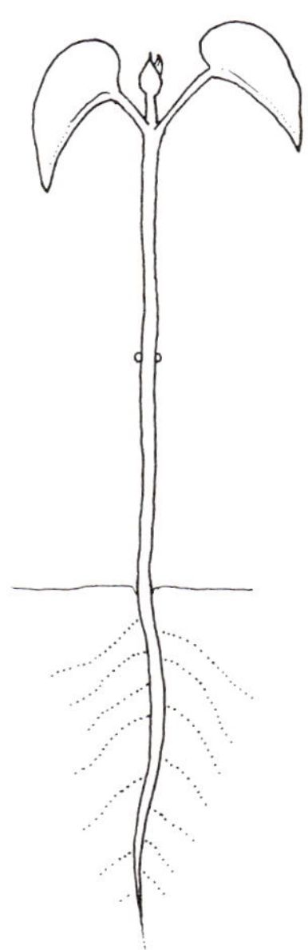

Blumentopf II

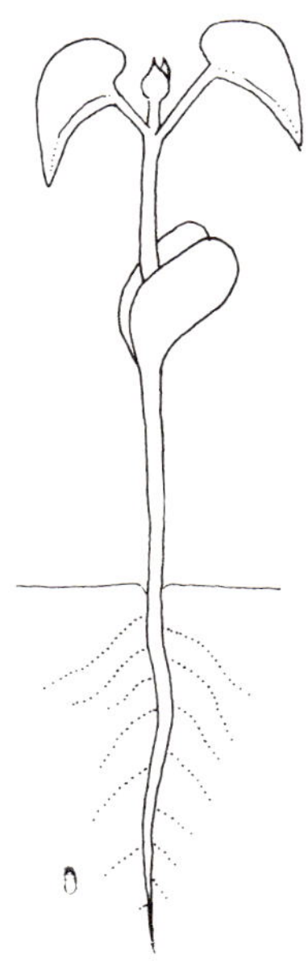

Blumentopf III

Versuche zur Bedeutung der Keimblätter (2)

Protokollbogen A: Stärkenachweis

Gequollene Keimblätter	Abgetrennte Keimblätter nach … Tagen	Verwelkte Keimblätter nach … Tagen

Protokollbogen B: Beobachtung an den Keimpflänzchen

Tag nach Versuchsbeginn	Größe, Farbe und Aussehen der Pflanzen in		
	Topf I	Topf II	Topf III

Protokollbogen C: Erklärung der Beobachtungen

Wachstums- und Keimungsbedingungen (1)

Bedingungen	Keimung	Wachstum
Er; Wa; Li; Wä; Lu		
~~Er~~; Wa; Li; Wä; Lu;		
Er; ~~Wa~~; Li; Wä; Lu		
Er; Wa; ~~Li~~; Wä; Lu		
Er; Wa; Li; ~~Wä~~; Lu		
Er; Wa; Li; Wä; ~~Lu~~		

Legende: Er = Erde; Wa = Wasser; Li = Licht; Wä = Wärme; Lu = Luft.
x bedeutet, dass diese Umweltbedingung fehlt.

Notwendige Keimungsbedingungen: • ____________________

Notwendige Wachstumsbedingungen: • ____________________

Um die Keimungs- und Wachstumsbedingungen von Pflanzen zu untersuchen, kann man verschiedene Versuche durchführen. Von den möglichen Außenfaktoren Erde (Er), Wasser (Wa), Licht (Li), Wärme (Wä) und Luft (Lu) wurde jeweils ein Faktor weggelassen. Die Ergebnisse dieser Versuche geben die folgenden Abbildungen wieder. Plant in Gruppen entsprechende Versuche mit Kressesamen und führt sie durch. Vergleicht eure Ergebnisse mit den Abbildungen auf diesem Arbeitsblatt.

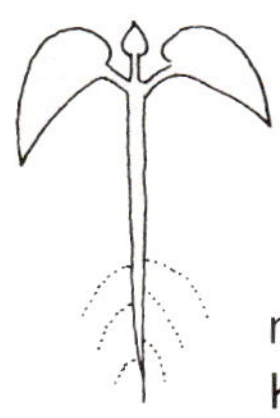

normale
Keimung

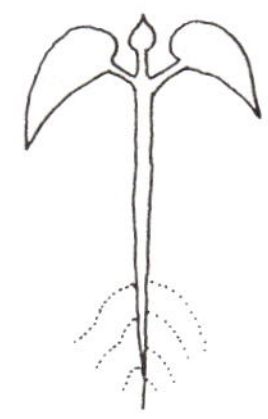

normales
Wachstum

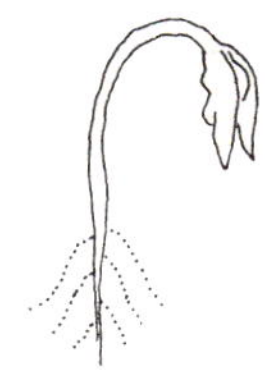

schnelles
Absterben

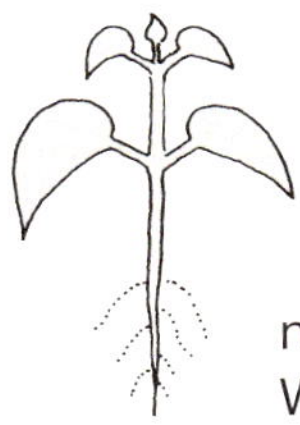

normales
Wachstum

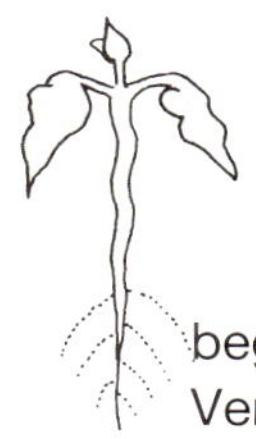

beginnende
Verkümmerung

keine
Keimung

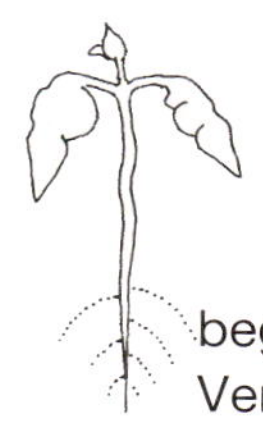

beginnende
Verkümmerung

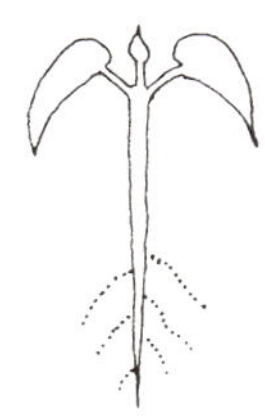

keine
Ergrünung

keine
Keimung

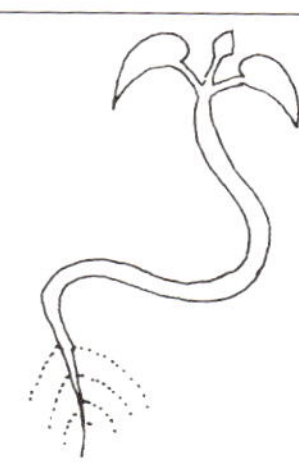

starkes
Längen-
wachstum,
keine
Ergrünung

keine
Keimung

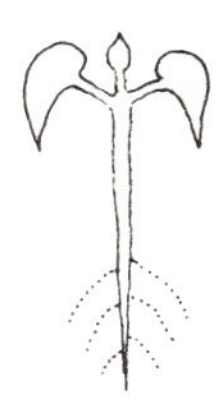

sehr
einfache
Entwicklung

1 Schneide die Abbildungen aus und klebe sie an richtiger Stelle im Arbeitsblatt 1 (Seite 50) ein.

2 Notiere die notwendigen Bedingungen für die Keimung bzw. für das Wachstum einer Pflanze auf dem Arbeitsblatt 1 (Seite 50).

Du benötigst: drei Reagenzgläser, Reagenzglasständer, Folienstift, Lupe, Farbstofflösung (Eosin oder rote Tinte), Öl, Wasser, drei gleich große Pflanzen des Springkrautes

Fülle die Reagenzgläser gleich hoch mit Wasser und einigen Tropfen Farbstofflösung. Entferne von einer Springkrautpflanze einige Blätter, bei einer weiteren alle Laubblätter. Stelle dann die drei Pflanzen in jeweils ein Reagenzglas. Gib anschließend auf die Wasseroberfläche jeweils eine 1 cm hohe Ölschicht. Die Höhe der Ölschicht wird mit einem Strich markiert. Lasse den Versuchsaufbau einen Tag stehen. Betrachte dann mit einer Lupe den Stängel und die Blätter.

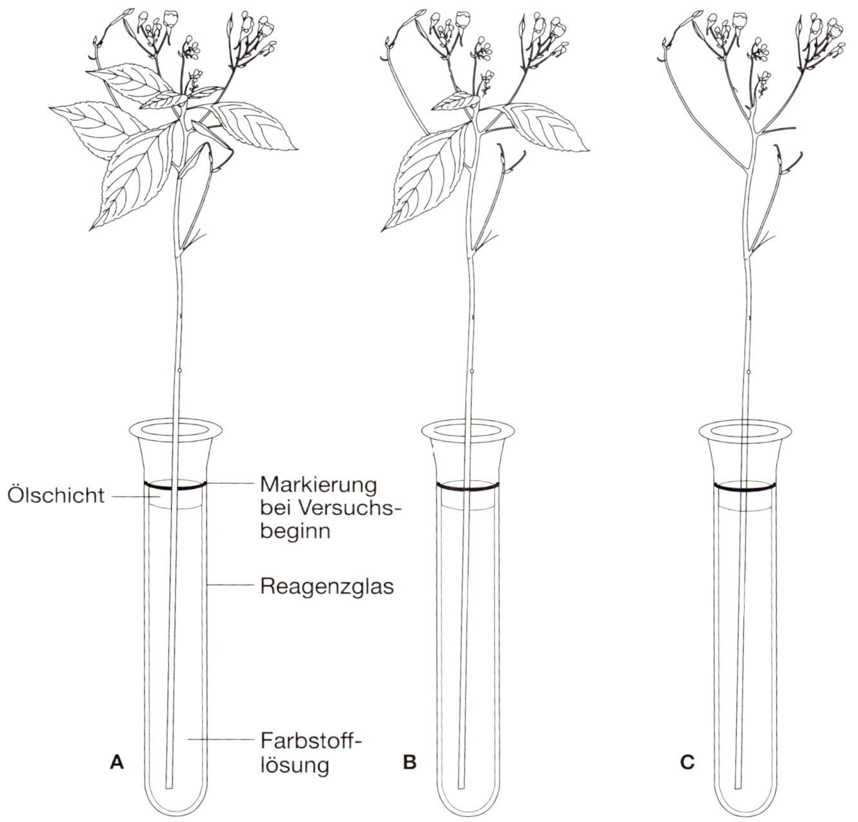

1 Wie hoch sind die Wasserstände in den Gläsern nach einem Tag? Erkläre.

2 Wie sehen die Leitungsbahnen in Stängeln und Blattadern aus? Erkläre.

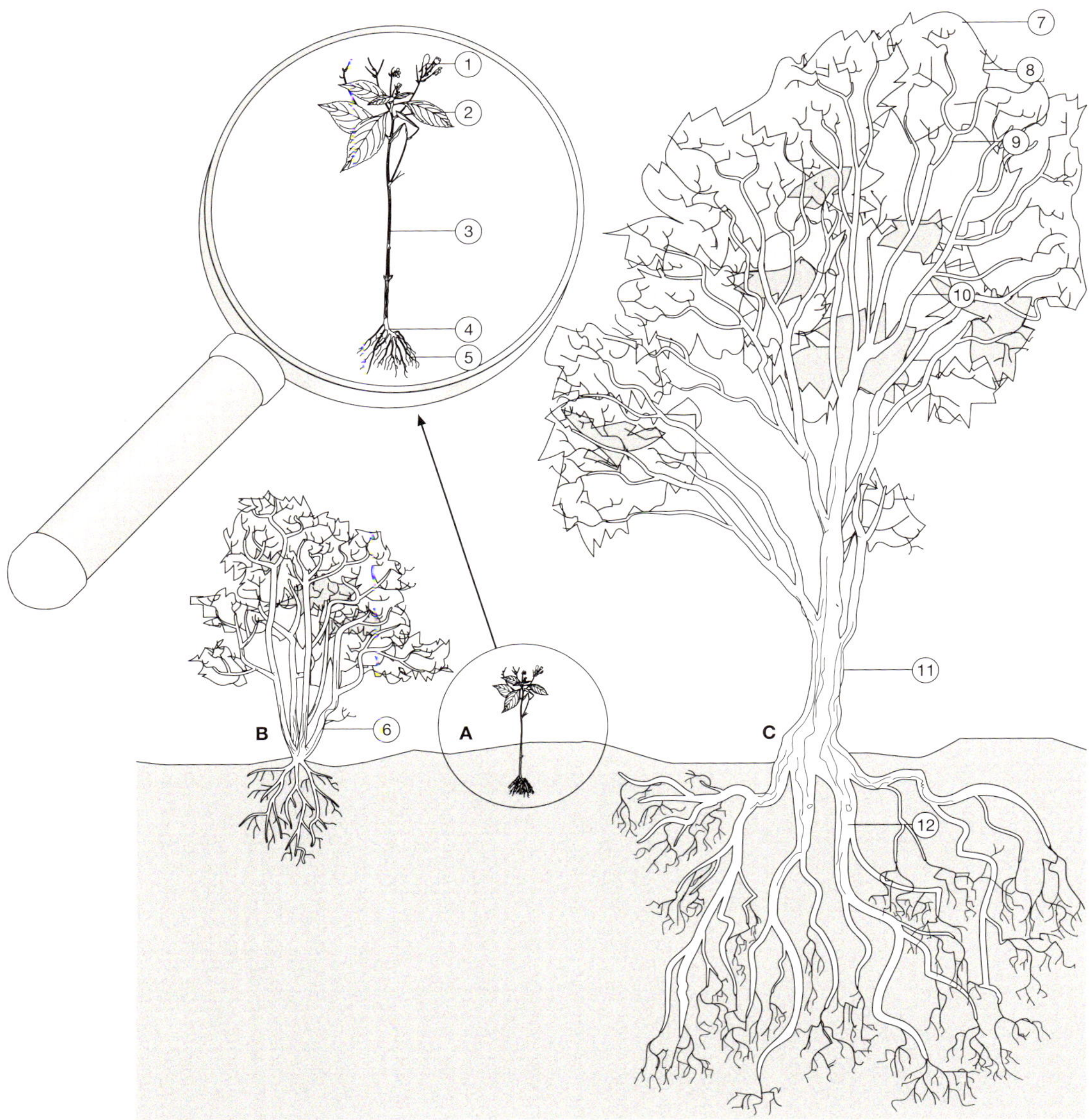

A Kraut; B Strauch; C Baum

1 Ordne den Ziffern die richtigen Begriffe zu.

2 Gib den Weg des Wassers durch die Pflanze C mit blauen Pfeilen an. Benenne die jeweiligen Bereiche, durch die das Wasser transportiert wird.

①	______	⑦	______
②	______	⑧	______
③	______	⑨	______
④	______	⑩	______
⑤	______	⑪	______
⑥	______	⑫	______

Beispiel

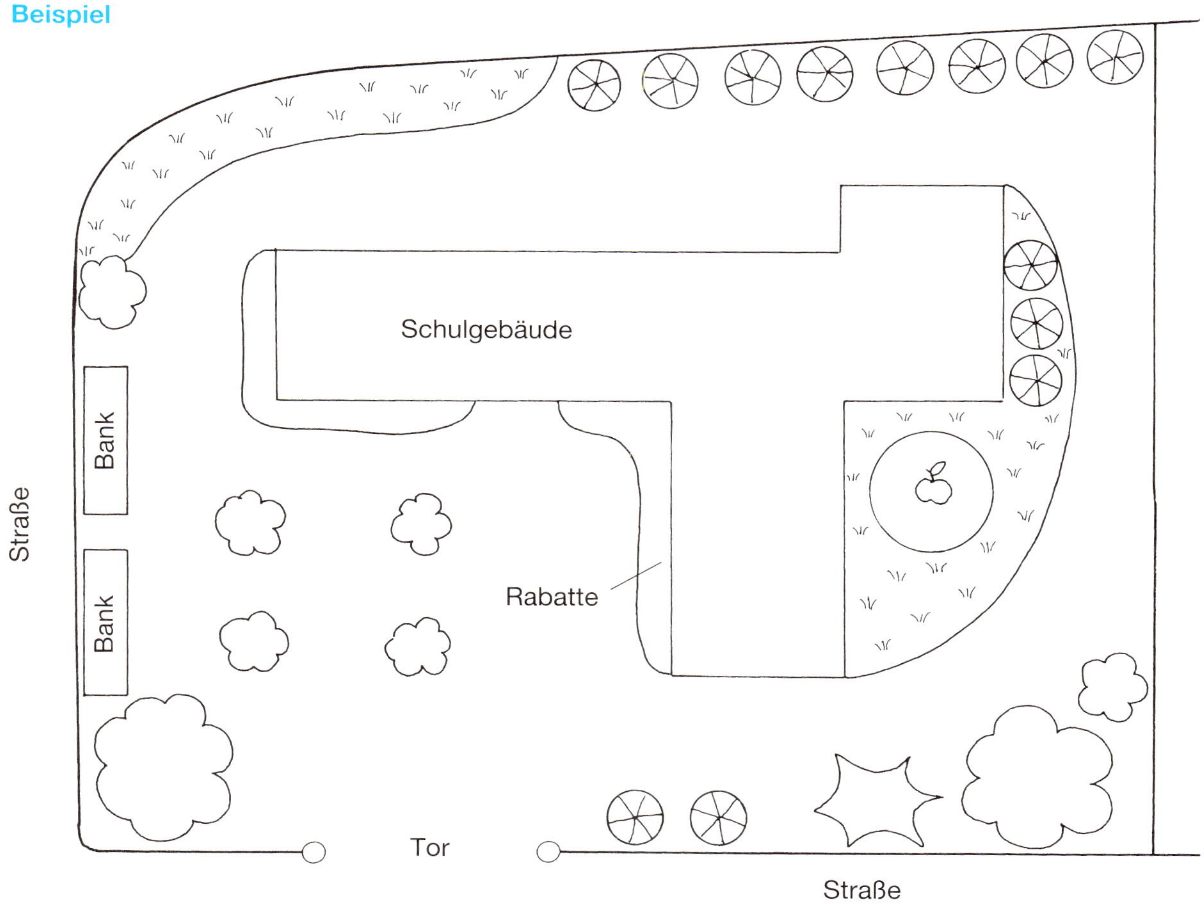

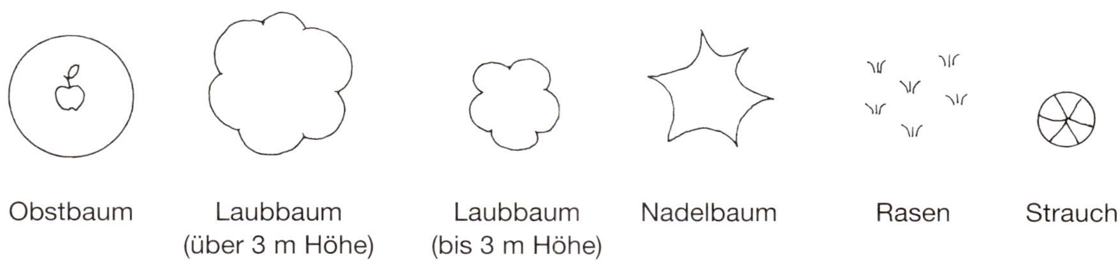

1 Fertige eine Skizze eures Schulgeländes an.

2 Entwickle eine Legende, mit der du die Pflanzen des Schulgeländes erfassen kannst. Einige Anregungen erhältst du in dem Beispiel oben.

3 Führe eine Bestandsaufnahme der Pflanzen durch und trage diese in den Lageplan des Schulgebäudes ein. Hier genügt eine grobe Einordnung der Pflanzen in Strauch, Staude, usw.

4 Entwickle Vorschläge für sinnvolle Veränderungen des Schulhofgeländes (Anlegen einer Hecke, eines Teiches etc.).

Wir untersuchen einen Baum

Für die folgende Untersuchung benötigst du: gerader Stock (ca. 1 Meter lang), Bandmaß, Thermometer, Kompass, Zeichenmaterial

1 *Lageskizze:* Fertige eine Skizze an, aus der die Lage des Baumes hervorgeht (z. B. Nähe zu anderen Bäumen, Gebäude in der Umgebung usw.).

2 *Skizze des Baumes:* Zeichne eine Umrissskizze des Baumes, seiner Blätter, Blüten und Früchte. Notiere dazu den Namen des Baumes.

3 *Ausmaße des Baumes:* Ermittle den Umfang, den Stammdurchmesser (Umfang geteilt durch 3,14) und die Höhe des Baumes.
Bestimme die Baumhöhe wie folgt:
Miss von der Stockspitze 80 cm ab und markiere diese Stelle mit dem Stift (Markierung 1). 4 cm von diesem Punkt Richtung Stockspitze markierst du einen weiteren Punkt (2).
Strecke den Arm aus und halte den Stock senkrecht. Such dir ein Stück vom Baum entfernt einen Standpunkt, von dem du genau über die Stockspitze die Baumspitze siehst und von der Markierung 1 aus den Fuß des Baumes. Schaue nun an der Markierung 2 vorbei auf den Baumstamm. Lass den Helfer seinen Daumen genau auf die Stelle am Baum legen, auf die du schaust. Miss nun die Entfernung zwischen dieser Stelle und dem Fuß des Baumes. Dieses Ergebnis wird mit 20 multipliziert. Der Wert entspricht ungefähr der Höhe des Baumes.

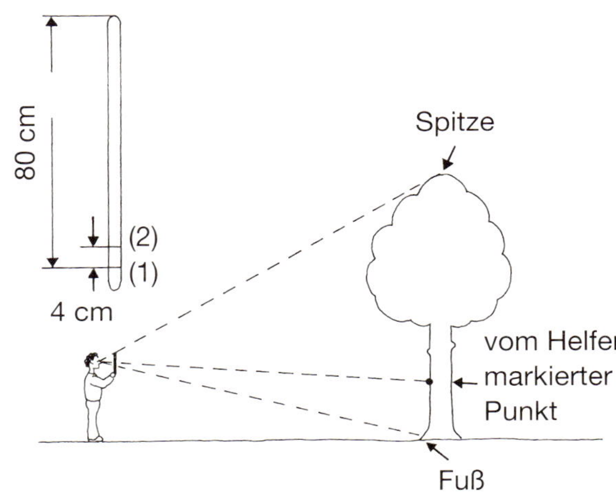

4 *Standortbedingungen:* Ermittle mit einem Kompass die Nord-, Süd-, Ost- und Westseite des Baumes. Miss die Schattenfläche des Baumes zur Mittagszeit und bestimme die Temperatur in der Sonne und im Schatten des Baumes.

5 Fertige ein Protokoll nach folgendem Muster an.

Baumart: ● ____________________

Umfang: ● ____________ m

Stammdurchmesser: ● __________ m

Höhe: ● ______________ m

Schattenfläche: ● ____________ m²

Temperatur in der Sonne ● __________ °C

Temperatur im Schatten ● __________ °C